알기쉬운

미용경영학

- NCS기반 -

송석명·강명주·김미강·김 민·박수연·송희라·유유정·유은주
이부형·전선정·정년구·정 연·조성태·진희정·천지연·최은영

청구문화사

머리말

미용을 전공하는 학생들에게 산업체의 요구에 맞는 전문직업인으로서의 실무능력과 경영에 대한 자질 및 그에 수반되는 지적능력을 충족시켜 줄 수 있는 미용경영 교재를 개발하려고 몇 해 동안 방대한 자료들을 준비했으나 적당한 분량의 책을 내야 하는 관계로 내용을 간략하게 요약하다 보니 흡족한 교재가 되지 못하면 어쩌나 하는 마음이 든다.

그럼에도 불구하고 저자들이 지금까지 배우고 익힌 이론과 현장 실무경험을 바탕으로 미용 경영에 꼭 필요하다고 생각되는 내용들만 골라서 「알기쉬운 미용경영학」을 출간하기에 이르렀다.

이 책의 구성은 다음과 같다.

제 1장에서는 경영과 미용경영에 대한 이해를 도모하기 위하여 미용경영의 의의, 미용경영의 활성화 방안, 미용경영자의 요건, 서비스업으로서의 고객만족 경영에 대하여 서술하였다.

제 2장에서는 학생들로 하여금 비즈니스 마인드 함양 및 미용학도로서의 비전을 제시할 수 있는 길을 열어 주기 위하여 창업과 사업계획에 대하여 서술하였다. 창업이 무엇인지, 창업을 하려면 어떤 요건과 자질을 갖추어야 하는지, 창업을 하기 위한 사업성분석과 사업계획서 작성 등을 공부하도록 하였다.

제 3장에서는 대부분의 학생들이 미용기업을 직접 경영하고 싶어 하기에 학생들로 하여금 점포를 개설한다면 겪어야 하는 주요 문제들을 중심으로 그 내용을 간략히 서술하였다. 먼저 상권과 입지를 분석할 줄 알아야 하고, 점포를 개설하기 위한 제반 조건들의 조사와 점포의 선택 및 점포계약 시 주의할 점 등, 실제로 현장에서 일어날 수 있는 사안들에 대하여 공부하도록 하였다. 그리고 사업자등록을 비롯한 개업과 경영에서 알아야 할 법률상식과 세무상식 등에 관하여도 서술하였다.

제 4장에서는 창업에서 가장 중요한 것 중의 하나인 자금조달계획에 대해서 알아보았다. 창업을 준비하는 사람이 미용기술과 자금이 준비되었다면 점포를 구해서 영업을 시작하는 일은 그리 어려운 일은 아닐 것이다. 그러나 미용업 자체가 서비스업이므로 시설이나 인테리어에 신경을 쓰지 않으면 안 되기 때문에 점포의 인테리어에 대하여 알아보도록 하였다.

제 5장에서는 그 중요성을 아무리 강조해도 지나치지 않을 고객에 대한 철저한 분석과 고객관리의 중요성 및 고객의 클레임 요구에 대한 대응 방법 등을 설명하였다.

이러한 고객과 관련된 내용은 미용업장 현장에서 끊임없이 마주치고 해결해야 할 내용들이기에 많은 지면을 할당하여 구체적인 사안들에 대한 문제해결능력을 도모할 수 있도록 하였다.

그러나 고객에게 감동과 만족과 행복을 줄 수 있는 서비스는 하루아침에 제공될 수 있는 것이 아니기에 이론적인 학습은 기본적인 내용이고, 보다 깊이 있고 다양한 서비스에 대한 학습은 미용종사자 개개인이 현장에서 갈고 닦아야 할 과제다.

제 6장에서는 미용기업의 마케팅에 대하여 서술하였다. 마케팅이 왜 필요하고, 마케팅을 왜 하여야 하는지, 그리고 마케팅을 실행하는 절차와 방법들에 대하여 공부하도록 하였다. 특히 마케팅믹스, 시장세분화, 표적시장 및 효율적인 고객만족 마케팅관리에 대하여 설명하였다.

제 7장에서는 미용경영에서 인적자원 관리를 중심으로 먼저 인적자원 관리에 대한 개요, 직무분석 및 이에 따른 직무기술서와 직무명세서, 직무평가, 업무의 분담과 권한 등에 대하여 학습하도록 하였다.

제 8장에서는 채용과 교육훈련에 관해 학습하도록 하였다. 조직은 물적자원도 중요하지만 서비스기업의 경우는 인적자원이 특히 중요하다고 생각한다. 날마다 고객을 시술하고, 상담하고, 클레임에 대한 사후서비스까지 제공해야 할 종업원에 대한 교육훈련 역시 대단히 중요한 내용이다. 그러므로 종업원의 채용에서부터 배치 및 현장에서의 관리까지 그 내용을 구체적으로 서술하였다.

제 9장에서는 인사고과의 의의와 방법 및 오류, 근무평가기법, 임금관리와 복지후생제도 등 미용기업 경영에서 꼭 필요한 내용들에 대하여 서식의 예시를 제시함으로 실무지향적인 경영능력을 연마할 수 있도록 하였다.

이 책은 전문대학 미용 관련 학과의 교육과정상 한 학기 동안 2시간 정도의 교육에 필요한 내용으로 구성하다 보니 내용이 다소 미흡하고 설명이 부족한 브분이 많을 줄로 안다. 이러한 점들은 강의를 하시는 교수님이나 배우는 학생 여러분들의 양해를 바라며, 부디 미용경영을 공부하는 모든 분들에게 조금이라도 도움이 되기길 바란다.

끝으로 어려운 여건 속에 기꺼이 출판을 맡아 주신 청구문화사 이상태사장님과 직원 여러분에게도 진심으로 감사를 드린다.

2017년 염복

저자 識

Contents

제6장 미용마케팅

제7장 직무분석과 직무명세서

제8장 채용과 교육훈련

제9장 인사고과와 복리후생

2017년 NCS 미용경영

분류번호 : 1201010151_16v3

능력단위 명칭 : 미용업 홍보관리

능력단위 정의 : 미용업 홍보관리란 고객 및 대중에게 미용업소를 알리기 위한 홈페이지, 블로그 등의 SNS 활동 및 미용업소 내·외부에 광고 등을 실시하는 마케팅 능력이다.

능력단위요소	수행준거
1201010151_16v3.1 홍보관리 계획하기	1.1 미용업소 주변 상권과 고객 DB를 분석할 수 있다. 1.2 설문조사, 점판제품의 판매추이를 분석할 수 있다. 1.3 홍보 관련 우수사례와 실패사례를 조사하여 분석할 수 있다. 1.4 분석 결과를 근거로 잠재 고객층과 고객요구를 파악하여 마케팅 활동을 기획할 수 있다.
	【지 식】 ◦ 영업 광고에 대한 지식 ◦ 상권분석에 대한 지식 ◦ 서비스마케팅 믹스에 관한 지식 【기 술】 ◦ 상권분석능력 ◦ 홍보기획안 작성능력 ◦ 홍보 관련 외부 업체와의 원만한 커뮤니케이션 능력 【태 도】 ◦ 브랜드이미지를 정확하게 인식하려는 의지 ◦ 홍보를 위한 정보수집에 적극적인 태도 ◦ 고객의 요구파악을 위해 주의 깊게 관찰하는 자세
1201010151_16v3.2 홍보관리 실행하기	2.1 미용업소에서 실시하고 있는 다양한 이벤트를 홈페이지, 블로그 등 SNS마케팅을 할 수 있다. 2.2 내방고객을 위해 미용업소내에서 실시하고 있는 다양한 미용서비스 및 이벤트내용을 POP로 제작할 수 있다. 2.3 영업 촉진을 위해 각종 내?외부광고와 이벤트를 실시할 수 있다.
	【지 식】 ◦ SNS활용에 관한 지식 ◦ POP작성에 관한 지식 ◦ 판매촉진을 위한 지식 ◦ 저작권, 초상권, 개인 정보유출에 관한 지식

【기 술】
- SNS 활용능력
- POP 작성능력
- 홍보매체 활용능력
- 홍보 관련 외부업체와의 원만한 커뮤니케이션 능력

【태 도】
- 홍보를 위해 마케팅 활동에 적극적인 자세
- 홍보이미지를 각종 매체에서 창의적으로 표현하려는 노력
- 타인과 원만한 커뮤니케이션을 위해 노력하는 자세

⊙ 적용범위 및 작업상황

고려사항

- 영업 광고에는 지면광고, 온라인광고, 영상광고 등이 있으며, 영업 판매 촉진 행사로 경품, 쿠폰, 이벤트 등이 있다.
- POP(Point-of-Purchase)란 영업장소에서 이뤄지는 광고로 주로 진열장이나 벽 등에 부착한 포스터 형태의 홍보물이다.
- 광고물이나 홈페이지를 제작할 때 초상권, 저작권, 개인정보유출 등에 유의하여야 한다.
- 컴플라이언스(Compliance)란 기업 스스로가 관련 법규를 준수하고 구성원의 인권을 존중하는 기업윤리의 실천을 의미하므로 이를 지키기 위한 노력을 미용업소 스스로가 하도록 한다.

자료 및 관련 서류

- 고객 DB
- 영업 현황판
- 홍보 POP
- 관련 계약서 및 기획서

장비 및 도구

- 컴퓨터와 프린터

재료

- 각종 사무용품

⊙ 평가지침

평가방법

- 평가자는 능력단위 미용업 홍보관리의 수행준거에 제시되어 있는 내용을 평가하기 위해 이론과 실기를 나누어 평가하거나 종합적인 결과물의 평가 등 다양한 평가 방법을 사용할 수 있다.
- 피 평가자의 과정평가 및 결과평가 방법

평 가 방 법	평 가 유 형	
	과 정 평 가	결 과 평 가
A. 포트폴리오		
B. 문제해결 시나리오		√
C. 서술형시험	√	√
D. 논술형시험		
E. 사례연구	√	√
F. 평가자 질문		
G. 평가자 체크리스트	√	√
H. 피평가자 체크리스트		
I. 일지/저널		
J. 역할연기		
K. 구두발표		√
L. 작업장평가		
M. 기타	√	√

평가 시 고려사항

- 수행준거에 제시되어 있는 내용을 성공적으로 수행할 수 있는지를 평가해야 한다.
- 평가자는 다음 사항을 평가해야 한다.
  - 수행준거에 따른 지식·기술·태도의 습득정도
  - 정량적 평가와 정성적 평가를 복합적으로 실시
  - 고객DB, DM, SNS, 블로그 등을 운영할 수 있는 기본 컴퓨터 활용 능력
  - 홍보기획서 작성 능력

⊙ 직업기초능력

순 번	직업기초능력	
	주요영역	하위영역
1	의사소통능력	문서이해 능력, 문서작성 능력, 경청능력, 의사표현 능력, 기초외국어 능력
2	문제해결능력	사고력, 문제처리 능력
3	자기개발능력	자아인식 능력, 자기관리 능력, 경력개발 능력
4	대인관계능력	팀웍능력, 리더십능력, 갈등관리 능력, 협상능력, 고객서비스 능력
5	정보능력	컴퓨터활용 능력, 정보처리 능력
6	수리능력	기초연산능력, 기초통계능력, 도표분석, 도표작성능력
7	자원관리능력	시간자원관리능력, 예산자원관리능력, 물적자원관리능력, 인적자원관리능력
8	기술능력	기술이해능력, 기술선택능력, 기술적용능력
9	조직이해능력	국제감각, 조직체제이해능력, 경영이해능력, 업무이해능력
10	직업윤리	근로윤리, 공동체윤리

⊙ 개발 이력

구 분		내 용
직무명칭		헤어미용
능력단위 보완유형		능력단위 분할
분류번호	기존	1201010115_14v2
	보완	1201010151_16v3
개발연도	현재	2016
	2차	2014
	최초(1차)	2011
버전번호		v3
개 발 자	현재	(사)대한미용사회
	2차	(사)대한미용사회
	최초(1차)	한국산업인력공단
향후 보완 연도(예정)		2019
능력단위 보완사유		능력단위 분할

분류번호 : 1201010152_16v3

능력단위 명칭 : 미용업 재고관리

능력단위 정의 : 미용업 재고관리란 미용서비스에 사용되는 재료, 기기, 도구 및 모든 소모품의 적절한 재고량을 준비하기 위해 제품의 입출고를 확인하고 부족수량을 주문·구매할 수 있는 능력이다.

능 력 단 위 요 소	수 행 준 거
1201010152_16v3.1 재고관리 계획하기	1.1 미용업소에서 필요한 전문제품과 점판제품 및 사무용품의 리스트를 작성할 수 있다. 1.2 작성한 리스트 품목의 입출고 상태를 확인할 수 있다. 1.3 확인 결과로 제품의 주문?구매 시기, 수량, 단가 등을 계획할 수 있다.
	【지 식】 ◦ 소매업 재고관리에 대한 기초지식 ◦ 제품 및 물품 구매시점 관리방법 ◦ 경제적 구매량 관련 노하우 ◦ CRP(continuous replenishment program) 사용법 【기 술】 ◦ 컴퓨터 활용능력 ◦ 제품 리스트 작성 능력 ◦ 제품 입출고 수량 파악 능력 ◦ 재고관리 운영체계 프로그램 사용 기술 【태 도】 ◦ 제품 입·출고 수량을 정확하게 파악하려는 의지 ◦ 제품을 경제적으로 구매하려는 노력 ◦ 주인의식을 갖고 솔선수범하는 자세 ◦ 정직하며 도덕적인 태도
1201010152_16v3.2 재고관리 실행하기	2.1 미용업소에서 실시하고 있는 다양한 이벤트를 홈페이지, 블로그 등 SNS마케팅을 할 수 있다. 2.2 내방고객을 위해 미용업소내에서 실시하고 있는 다양한 미용서비스 및 이벤트내용을 POP로 제작할 수 있다. 2.3 영업 촉진을 위해 각종 내?외부광고와 이벤트를 실시할 수 있다.
	【지 식】 ◦ 재고관리에 대한 기초지식 ◦ 구매시점 관리에 관한 지식 ◦ 경제적 구매량에 관한 지식 ◦ CPR에 관한 지식

【기 술】
- 제품 입출고 수량 파악 능력
- 컴퓨터 활용능력
- 재고관리 운영체계 프로그램 사용 기술

【태 도】
- 제품 입·출고 수량을 정확하게 파악하려는 의지
- 제품을 경제적으로 구매하려는 노력
- 주인의식을 갖고 솔선수범하는 자세
- 정직하며 도덕적인 태도

⊙ 적용범위 및 작업상황

고려사항

- CRP(Continuous Replenishment Program)은 제품회사와 전자상거래를 통해 상품의 재고가 부족할 때 자동으로 재고를 관리하는 프로그램을 의미한다.
- 제품의 최저 재고량이란 일반적으로 안전 여유량+(1일 평균매상고+매입기간)을 의미한다.
- 재고 물품은 보관 장소와 유통기간 등을 고려하여 최적의 상태를 유지할 수 있도록 주의한다.

자료 및 관련 서류

- 재고관련 장부 및 프로그램
- 물품사용설명서 및 카다로그
- 거래업체 연락처 및 관련 자료

장비 및 도구

- 컴퓨터와 프린터 등

재료

- 각종 사무문구용품

⊙ 평가지침

평가방법

- 평가자는 능력단위 미용업 재고관리의 수행준거에 제시되어 있는 내용을 평가하기 위해 이론과 실기를 나누어 평가하거나 종합적인 결과물의 평가 등 다양한 평가 방법을 사용할 수 있다.
- 피 평가자의 과정평가 및 결과평가 방법

평 가 방 법	평 가 유 형	
	과 정 평 가	결 과 평 가
A. 포트폴리오		
B. 문제해결 시나리오	√	√
C. 서술형시험	√	√
D. 논술형시험		
E. 사례연구	√	√
F. 평가자 질문		
G. 평가자 체크리스트	√	√
H. 피평가자 체크리스트		
I. 일지/저널		
J. 역할연기		
K. 구두발표	√	√
L. 작업장평가		
M. 기타		

평가 시 고려사항

- 수행준거에 제시되어 있는 내용을 성공적으로 수행할 수 있는지를 평가해야 한다.
- 평가자는 다음 사항을 평가해야 한다.
  - 수행준거에 따른 지식·기술·태도의 습득정도
  - 정량적 평가와 정성적 평가를 복합적으로 실시
  - 재고관련 컴퓨터프로그램 활용 능력
  - 재료입출금 등을 정산할 수 있는 계산능력

◉ 직업기초능력

순 번	직 업 기 초 능 력	
	주 요 영 역	하 위 영 역
1	의사소통능력	문서이해 능력, 문서작성 능력, 경청능력, 의사표현 능력
2	문제해결능력	사고력, 문제처리 능력
3	자기개발능력	자아인식 능력, 자기관리 능력, 경력개발 능력
4	대인관계능력	팀웍능력, 리더십능력, 갈등관리 능력, 협상능력, 고객서비스 능력
5	정보능력	컴퓨터활용 능력, 정보처리 능력
6	수리능력	기초연산능력, 기초통계능력, 도표분석, 도표작성능력
7	자원관리능력	시간자원관리능력, 예산자원관리능력, 물적자원관리능력, 인적자원관리능력
8	기술능력	기술이해능력, 기술선택능력, 기술적용능력
9	조직이해능력	국제감각, 조직체제이해능력, 경영이해능력, 업무이해능력
10	직업윤리	근로윤리, 공동체윤리

◉ 개발 이력

구 분		내 용
직무명칭		헤어미용
능력단위 보완유형		능력단위 분할
분류번호	기존	1201010115_14v2
	보완	1201010152_16v3
개발연도	현재	2016
	2차	2014
	최초(1차)	2011
버전번호		v3
개 발 자	현재	(사)대한미용사회
	2차	(사)대한미용사회
	최초(1차)	한국산업인력공단
향후 보완 연도(예정)		2019
능력단위 보완사유		능력단위 분할

분류번호 : 1201010153_16v3

능력단위 명칭 : 미용업 재무관리

능력단위 정의 : 미용업 재무관리란 미용업소 운영에 필요한 자금의 조달, 수입과 지출 계획 및 통제 등 일련의 재무관리를 하는 능력이다.

능 력 단 위 요 소	수 행 준 거
1201010153_16v3.1 재무관리 계획하기	1.1 미용업소에서 발생하는 입출금 내역을 확인할 수 있다. 1.2 미용업소의 운영비 및 금전적 흐름을 파악할 수 있다. 1.3 비용절감을 위해 원가계산을 할 수 있다. 1.4 미용업소의 경영재무를 근거로 예산을 수립할 수 있다. 【지 식】 ◦ 각종 세법 및 금융정보에 관한 지식 ◦ 손익계산 산출법 ◦ 매출대비 인건비의 적정 비율 산정법 ◦ 매출대비 인건비 외 고정비의 적정 비율 산정법 ◦ 영업매출 DB관리법 【기 술】 ◦ 손익계산서 계정과목별 현황파악능력 ◦ 영업매출관리 운영프로그램 사용 기법 ◦ 적정원가 산출 능력 ◦ 예산수립 능력 【태 도】 ◦ 투명한 재무관리를 위해 노력하는 자세 ◦ 예산 수립과 결산 집행에 신중한 태도 ◦ 손익계산에 따른 전략적 사고의지 ◦ 납세의무에 대한 성실한 태도 ◦ 지출을 절감하려는 자세
1201010153_16v3.2 재무관리 실행하기	2.1 예산서를 근거로 예산을 집행할 수 있다. 2.2 경영자금 상태를 분석하여 자금 조달시기 및 투자여부를 결정할 수 있다. 2.3 합리적이며 정확하게 세금을 신고할 수 있다. 2.4 재무상황의 문제점을 도출하여 개선안을 수립할 수 있다. 【지 식】 ◦ 예산집행에 관련된 지식 ◦ 경영자금 상태 분석 방법 ◦ 각종 세금관련 정보 ◦ 재무 상황의 문제점 도출기법 ◦ 영업매출 및 매입 등 재무 프로그램 활용법

【기 술】

- 예산집행 능력
- 경영자금 상태 분석 능력
- 절세 능력
- 재무 상황의 문제점 도출 능력
- 영업매출 및 매입 등 재무 프로그램 활용 능력

【태 도】

- 투명한 재무관리를 위해 노력하는 자세
- 예산 수립과 결산 집행에 신중한 태도
- 손익계산에 따른 전략적 사고의지
- 지출을 절감하려는 자세
- 납세의무에 대한 성실한 태도

⊙ 적용범위 및 작업상황

고려사항

- 재무관리는 단순히 금전의 흐름보다 향후 중장기적 관점에서 투자와 회수를 고려할 때 주요 요소이다.
- 미용업소의 각종 지출은 인건비, 임대료, 판매비, 관리비, 특별손실비, 세금 그 외 경비 등을 포함한다.
- 세무에 관한 기본 지식과 업무 수행 능력이 필요하다.

자료 및 관련 서류

- 재무관련 장부 및 프로그램
- 각종 기안문과 결재서류
- 예결산서

장비 및 도구

- 컴퓨터와 프린터

재료

- 각종 사무용품

⊙ 평가지침

평가방법

- 평가자는 능력단위 미용업 재무관리의 수행준거에 제시되어 있는 내용을 평가하기 위해 이론과 실기를 나누어 평가하거나 종합적인 결과물의 평가 등 다양한 평가 방법을 사용할 수 있다.
- 피 평가자의 과정평가 및 결과평가 방법

평 가 방 법	평 가 유 형	
	과 정 평 가	결 과 평 가
A. 포트폴리오		
B. 문제해결 시나리오		√
C. 서술형시험	√	√
D. 논술형시험		
E. 사례연구	√	√
F. 평가자 질문	√	√
G. 평가자 체크리스트	√	√
H. 피평가자 체크리스트		
I. 일지/저널		
J. 역할연기		
K. 구두발표	√	√
L. 작업장평가		
M. 기타		

평가 시 고려사항

- 수행준거에 제시되어 있는 내용을 성공적으로 수행할 수 있는지를 평가해야 한다.
- 평가자는 다음 사항을 평가해야 한다.
  - 수행준거에 따른 지식·기술·태도의 습득정도
  - 정량적 평가와 정성적 평가를 복합적으로 실시
  - 재무관련 프로그램을 운영할 수 있는 기본 컴퓨터 활용 능력
  - 경영원가 등을 정산할 수 있는 계산능력

⊙ 직업기초능력

순 번	직업기초능력	
	주요영역	하위영역
1	의사소통능력	문서이해 능력, 문서작성 능력, 경청능력, 의사표현 능력, 기초외국어 능력
2	문제해결능력	사고력, 문제처리 능력
3	자기개발능력	자아인식 능력, 자기관리 능력, 경력개발 능력
4	대인관계능력	팀웍능력, 리더십능력, 갈등관리 능력, 협상능력, 고객서비스 능력
5	정보능력	컴퓨터활용 능력, 정보처리 능력
6	수리능력	기초연산능력, 기초통계능력, 도표분석, 도표작성능력
7	자원관리능력	시간자원관리능력, 예산자원관리능력, 물적자원관리능력, 인적자원관리능력
8	기술능력	기술이해능력, 기술선택능력, 기술적용능력
9	조직이해능력	국제감각, 조직체제이해능력, 경영이해능력, 업무이해능력
10	직업윤리	근로윤리, 공동체윤리

⊙ 개발 이력

구 분		내 용
직무명칭		헤어미용
능력단위 보완유형		능력단위 분할
분류번호	기존	1201010115_14v2
	보완	1201010153_16v3
개발연도	현재	2016
	2차	2014
	최초(1차)	2011
버전번호		v3
개 발 자	현재	(사)대한미용사회
	2차	(사)대한미용사회
	최초(1차)	한국산업인력공단
향후 보완 연도(예정)		2019
능력단위 보완사유		능력단위 분할

분류번호 : 1201010154_16v3

능력단위 명칭 : 미용업 인사관리

능력단위 정의 : 미용업 인사관리란 미용업소의 직원들이 각자의 능력을 최대한 발휘하여 좋은 영업 성과를 낼 수 있도록 인적자원을 효율적으로 운용하는 능력이다.

능 력 단 위 요 소	수 행 준 거
1201010154_16v3.1 인사관리 계획하기	1.1 직무분석을 통해 직원의 적정 인원과 배치에 대한 계획을 수립할 수 있다. 1.2 직원 인사를 위한 근무 평정 규정을 만들어 계획을 수립할 수 있다. 1.3 직원 인사의 필요성과 시기를 판단하여 계획을 수립할 수 있다. 【지 식】 ◦ 직무분석에 관한 지식 ◦ 근무 평정 규정 작성에 관한 지식 【기 술】 ◦ 인사관리 규정 작성과 운영 능력 ◦ 직원과 의사소통하는 능력 ◦ 대인관계 기술 ◦ 리더십을 발휘하는 능력 ◦ 문서작성능력 ◦ 근무 평정 규정 작성 능력 【태 도】 ◦ 인사관리와 업무평가의 공정한 자세 ◦ 리더십을 적극적으로 발휘하는 자세 ◦ 개인의 특성을 고려한 융통성 있는 태도 ◦ 직원들의 의견을 적극적으로 수용하려는 노력 ◦ 윤리적인 언행을 실천하려는 의지
1201010154_16v3.2 인사관리 실행하기	2.1 근로조건을 협상한 후 근로계약서를 체결할 수 있다. 2.2 직원의 업무능력을 평가한 후 이를 인사고과에 반영할 수 있다. 2.3 직원의 불만사항을 파악하여 대처할 수 있다. 【지 식】 ◦ 근로기준법에 관한 지식 ◦ 직원성향 분석에 관한 지식 ◦ 산업재해보상과 각종 보험제도에 관한 지식 【기 술】 ◦ 인사관리 규정 작성과 운영 능력 ◦ 직원과 의사소통하는 능력

- ◦ 대인관계 기술
- ◦ 리더십을 발휘하는 능력
- ◦ 문서작성능력

【태 도】

- ◦ 인사관리와 업무평가의 공정한 자세
- ◦ 리더십을 적극적으로 발휘하는 자세
- ◦ 개인의 특성을 고려한 융통성 있는 태도
- ◦ 직원들의 의견을 적극적으로 수용하려는 노력
- ◦ 윤리적인 언행을 실천하려는 의지

⊙ 적용범위 및 작업상황

고려사항

- 인사란 신규채용, 승진, 강등, 해고, 퇴진, 부서이동의 모든 과정을 포함하며, 적절한 시기의 인원을 조절하여 운영하여야 한다.
- 근로계약서에는 일반적으로 근로규칙, 근로시간, 임금 등의 내용이 포함되어야 한다.
- 직원들의 경력개발을 위해서는 각 개인의 능력과 적성, 경험 등을 충분히 고려하고, 미용업소에 적합한 과정으로 설정해야 한다.
- 업무능력 평가란 지식, 기술, 태도 등의 평가를 의미하며, 그 결과를 성과금, 보수, 승진 등의 인사고과에 반영한다.

자료 및 관련 서류

- 직원 이력서 및 인사카드
- 근로계약서, 급여계약서
- 적성검사지, 근무평가지

장비 및 도구

- 컴퓨터와 프린터 등

재료

- 각종 사무문구용품

⊙ 평가지침

평가방법

- 평가자는 능력단위 미용업 인사관리의 수행준거에 제시되어 있는 내용을 평가하기 위해 이론과 실기를 나누어 평가하거나 종합적인 결과물의 평가 등 다양한 평가 방법을 사용할 수 있다.
- 피 평가자의 과정평가 및 결과평가 방법

평 가 방 법	평 가 유 형	
	과 정 평 가	결 과 평 가
A. 포트폴리오		
B. 문제해결 시나리오		√
C. 서술형시험	√	√
D. 논술형시험		
E. 사례연구	√	√
F. 평가자 질문		
G. 평가자 체크리스트	√	√
H. 피평가자 체크리스트		
I. 일지/저널		
J. 역할연기		
K. 구두발표		√
L. 작업장평가		
M. 기타		

평가 시 고려사항

- 수행준거에 제시되어 있는 내용을 성공적으로 수행할 수 있는지를 평가해야 한다.
- 평가자는 다음 사항을 평가해야 한다.
  - 수행준거에 따른 지식·기술·태도의 습득정도
  - 정량적 평가와 정성적 평가를 복합적으로 실시
  - 인사관리를 위한 기본 컴퓨터 활용 능력
  - 직무분석과 직원평정을 할 수 있는 능력
  - 직원근로계약 및 불만사항에 대한 협상능력

⊙ 직업기초능력

순 번	직 업 기 초 능 력	
	주 요 영 역	하 위 영 역
1	의사소통능력	문서이해 능력, 문서작성 능력, 경청능력, 의사표현 능력, 기초외국어 능력
2	문제해결능력	사고력, 문제처리 능력
3	자기개발능력	자아인식 능력, 자기관리 능력, 경력개발 능력
4	대인관계능력	팀웍능력, 리더십능력, 갈등관리 능력, 협상능력, 고객서비스 능력
5	정보능력	컴퓨터활용 능력, 정보처리 능력
6	수리능력	기초연산능력, 기초통계능력, 도표분석, 도표작성능력
7	자원관리능력	시간자원관리능력, 예산자원관리능력, 물적자원관리능력, 인적자원관리능력
8	기술능력	기술이해능력, 기술선택능력, 기술적용능력
9	조직이해능력	국제감각, 조직체제이해능력, 경영이해능력, 업무이해능력
10	직업윤리	근로윤리, 공동체윤리

⊙ 개발 이력

구 분		내 용
직무명칭		헤어미용
능력단위 보완유형		능력단위 분할
분류번호	기존	1201010115_14v2
	보완	1201010154_16v3
개발연도	현재	2016
	2차	2014
	최초(1차)	2011
버전번호		v3
개 발 자	현재	(사)대한미용사회
	2차	(사)대한미용사회
	최초(1차)	한국산업인력공단
향후 보완 연도(예정)		2019
능력단위 보완사유		능력단위 분할

분류번호 : 1201010155_16v3

능력단위 명칭 : 미용업 교육관리

능력단위 정의 : 미용업 교육관리란 직원들에게 비전제시, 동기부여, 기술력 향상 등을 목적으로 실시하는 교육프로그램을 관리?운영하는 능력이다.

능력단위요소	수행준거
1201010155_16v3.1 교육관리 계획하기	1.1 직원들에게 필요한 교육프로그램을 조사할 수 있다. 1.2 외부의 교육프로그램을 조사할 수 있다. 1.3 사전조사 결과를 근거로 직원들을 위한 교육프로그램을 기획할 수 있다.
	【지 식】 ◦ 미용교육프로그램에 관한 지식 ◦ 직원 평가 및 보상에 관한 지식 ◦ 교육훈련과 경력개발 프로그램 운영에 관한 지식 【기 술】 ◦ 리더십을 발휘하는 능력 ◦ 직원 교육 설계와 훈련 및 평가능력 ◦ 문서작성능력 【태 도】 ◦ 교육관리와 평가의 공정한 자세 ◦ 리더십을 적극적으로 발휘하는 자세 ◦ 새로운 정보와 문화에 관심 갖으려는 자세 ◦ 직원들의 의견을 적극적으로 수용하려는 노력 ◦ 윤리적인 언행을 실천하려는 의지
1201010155_16v3.2 교육관리 실행하기	2.1 계획한 교육프로그램 운영에 필요한 강사섭외, 교육장준비, 해당 직원 참여여부 등을 확인할 수 있다. 2.2 교육프로그램 종료 후 만족도를 확인하여 개선안을 수립할 수 있다. 2.3 직원의 경력개발 계획에 따라 승급을 위한 교육프로그램을 제안할 수 있다. 2.4 직원에게 지속적으로 교육, 훈련, 평가 등을 실시하여 관리자로 육성할 수 있다.
	【지 식】 ◦ 상황적 리더십에 관한 지식 ◦ 평가와 보상제도에 관한 지식 ◦ 교육훈련과 경력개발 프로그램 운영에 관한 지식 【기 술】 ◦ 강사, 장소, 피교육자 등 관련자와 커뮤니케이션하는 능력

◦ 리더십을 발휘하는 능력
◦ 직원 교육 설계와 훈련 및 평가능력
◦ 문서작성능력

【태 도】

◦ 교육관리와 평가의 공정한 자세
◦ 리더십을 적극적으로 발휘하는 자세
◦ 새로운 정보와 문화에 관심 갖으려는 자세
◦ 원만한 커뮤니케이션을 위해 노력하는 자세
◦ 윤리적인 언행을 실천하려는 의지

⊙ 적용범위 및 작업상황

고려사항

- 직원에게 제공하는 교육프로그램의 형태는 회의, 세미나, 특강, 워크숍 등 다양하다.
- 교육프로그램은 직급과 직무 따른 필요 내용을 충분히 고려하고, 헤어살롱에 적합한 과정으로 설정해야 한다.
- 교육일정의 정확한 공유와 공정한 평가는 교육의 만족도를 향상시킬 수 있다.
- 자체 교육이 불가할 경우 외부 위탁을 권장한다.

자료 및 관련 서류

- 직원교육매뉴얼
- 교육관련 교재

장비 및 도구

- 컴퓨터와 프린터 등
- 빔프로젝터
- 화이트보드

재료

- 각종 사무문구용품

⊙ 평가지침

평가방법

- 평가자는 능력단위 미용업소 교육관리의 수행준거에 제시되어 있는 내용을 평가하기 위해 이론과 실기를 나누어 평가하거나 종합적인 결과물의 평가 등 다양한 평가 방법을 사용할 수 있다.
- 피 평가자의 과정평가 및 결과평가 방법

평 가 방 법	평 가 유 형	
	과 정 평 가	결 과 평 가
A. 포트폴리오		
B. 문제해결 시나리오		√
C. 서술형시험	√	√
D. 논술형시험		
E. 사례연구	√	√
F. 평가자 질문		
G. 평가자 체크리스트	√	√
H. 피평가자 체크리스트		
I. 일지/저널		
J. 역할연기		
K. 구두발표		√
L. 작업장평가		
M. 기타		

평가 시 고려사항

- 수행준거에 제시되어 있는 내용을 성공적으로 수행할 수 있는지를 평가해야 한다.
- 평가자는 다음 사항을 평가해야 한다.
  - 수행준거에 따른 지식·기술·태도의 습득정도
  - 정량적 평가와 정성적 평가를 복합적으로 실시
  - 교안 및 강의자료 작성을 위한 기본 컴퓨터 활용 능력
  - 강의와 평가를 할 수 있는 교수법

⦿ 직업기초능력

순 번	직업기초능력	
	주요영역	하위영역
1	의사소통능력	문서이해 능력, 문서작성 능력, 경청능력, 의사표현 능력, 기초외국어 능력
2	문제해결능력	사고력, 문제처리 능력
3	자기개발능력	자아인식 능력, 자기관리 능력, 경력개발 능력
4	대인관계능력	팀웍능력, 리더십능력, 갈등관리 능력, 협상능력, 고객서비스 능력
5	정보능력	컴퓨터활용 능력, 정보처리 능력
6	수리능력	기초연산능력, 기초통계능력, 도표분석, 도표작성능력
7	자원관리능력	시간자원관리능력, 예산자원관리능력, 물적자원관리능력, 인적자원관리능력
8	기술능력	기술이해능력, 기술선택능력, 기술적용능력
9	조직이해능력	국제감각, 조직체제이해능력, 경영이해능력, 업무이해능력
10	직업윤리	근로윤리, 공동체윤리

⦿ 개발 이력

구 분		내 용
직무명칭		헤어미용
능력단위 보완유형		능력단위 분할
분류번호	기존	1201010115_14v2
	보완	1201010155_16v3
개발연도	현재	2016
	2차	2014
	최초(1차)	2011
버전번호		v3
개 발 자	현재	(사)대한미용사회
	2차	(사)대한미용사회
	최초(1차)	한국산업인력공단
향후 보완 연도(예정)		2019
능력단위 보완사유		능력단위 분할

제 1 장

미용경영의 이해

1. 미용경영이란 무엇인가?

1) 미용의 의의

미용(Cosmetology)은 얼굴, 피부, 두발, 손톱 및 발톱 등의 상태를 개선하고 아름답게 미화시키는 예술인 동시에 과학이다. 그러므로 미용이라 하면 헤어, 메이크업, 피부미용관리, 두피관리, 발관리, 발마사지, 경락, 네일아트 및 분장(코디)까지를 포괄하는 기술(art)인 동시에 인체미학이라고 할 수 있다.

따라서 미용인은 두발(헤어)은 물론이고, 두피, 피부, 손톱, 발톱 등을 건강하고 아름답게 손질하고 체형을 관리하는 등의 서비스업 종사자로서 전문기술인인 동시에 예술인이며, 미와 더불어 건강도 함께 창조하는 보건인이라는 사명을 가지고 미용업에 종사하여야 한다.

많은 사람들이 미용은 사람들에게 단순한 기술을 서비스하는 것으로만 생각하기 쉽다. 그러나 학문의 다양성과 고유한 특징을 이해하게 된다면 미용(학)은 기술(art)인 동시에 과학(science)이다. 또한 미용업소가 종전에는 개인, 특히 1인 중심의 영세한 소규모 점포였으나 오늘날에는 전문화 또는 기업화 된 경우도 많이 있기에 미용업소(미용실, 피부미용관리실, 체형관리실 등)를 미용기업으로 보고 점포운영이라는 편협적인 시각에서 벗어나 과학적 경영을 한다는 사고의 전환이 필요하다.

이러한 미용에 대한 새로운 인식을 바탕으로 한다면 미용(학)을 배운 인재들이 보다 다양한 분야로 진출하여 사회적으로 성공할 수 있을 것이다.

□ 미용인의 진출분야

① 헤어 스타일리스트(hair stylist)
② 메이크업 아티스트(make-up artist)
③ 네일 아티스트(nail artist)

④ 에스테티션(esthetician)
⑤ 미용연구인
⑥ 미용학과 교사 및 미용학원의 강사
⑦ 숍 오너(shop owner) : 전문적 미용기술 및 탁월한 경영이 요구된다.

2) 미용경영의 개요

(1) 경영이란 무엇인가?

일반적으로 경영학(Management)이란 기업을 종합적으로 설명 · 예측 · 이해하려는 입장에서 인식된 체계라 할 수 있다.[1] 그러므로 우리가 흔히 경영을 이야기할 때 영리를 추구하는 조직인 기업에 국한하여 생각하기 쉬우나, 기업은 물론 공공기관, 병원 등의 비영리단체를 포함하는 모든 조직에 적용되는 개념으로 학자들마다 경영에 대한 정의를 달리한다.

○ 경영은 경영체(기업체)를 운영하는 기능이다.
○ 경영은 독립적인 생산경제단위이며, 재화 또는 서비스의 생산과 배급에 종사하는 경제적 조직이다.
○ 경영은 경제성원리에 입각한 독립적 생산경제단위의 활동이다.
○ 경영이란 조직이며, 조직은 경영목적시스템, 정보시스템과 인간관계 등의 서브시스템을 갖는 하나의 포괄적 시스템이다.
○ 경영이란 조직을 형성하여 운영하는 것으로 의사결정이다.

□ management의 의미[2]

① 목적을 달성해 가는 과정(기능)을 의미하는 경우
② 학문, 즉 경영학을 의미하는 경우
③ 사람, 즉 경영자(또는 관리자)를 의미하는 경우
- Top management, Middle management, Low management

□ 기업경영의 자원(resources)

① 사람(men : 인적자원)
② 돈(money : 재무자원)

---

1) 경영학의 체계는 경영사학, 이론경영학 및 경영정책으로 구성된다.
2) R. Kreitner, Management, Houghton-Mifflin, 1980, p.10

③ 물자(materials, machines : 물적자원)
④ 정보(information : 정보자원)

경영은 [그림 1-1]과 같이 모든 자원,(인적·물적·재무·정보자원)을 이용하여 업적을 달성하는 경영관리과정(process of management)이라 할 수 있다

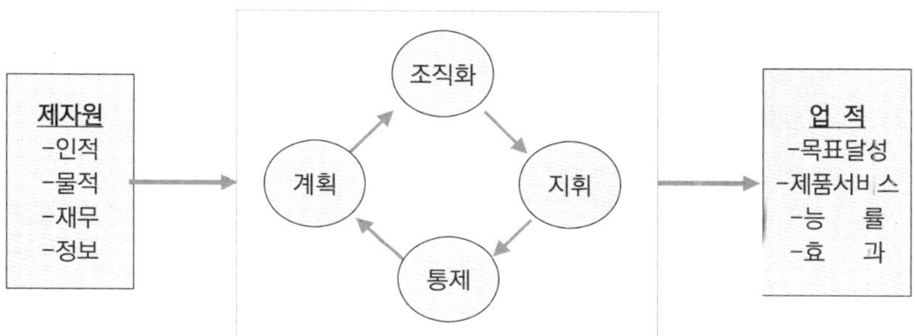

그림 1-1 경영관리의 과정

□ **경영(관리)의 기능**

① 계획(planning)
② 조직화(organization)
③ 지휘(leading)
④ 조정(coordination)과 통제(controling)

(2) 미용경영이란?

미용경영이란 미용기업(미용실, 피부미용관리실 등)의 경영자(사장, 원장)가 인적 · 물적 · 재무 · 정보자원을 활용하여 이를 계획하고, 조직하고, 지휘하고, 조정 · 통제하여 기업의 목표를 달성하는 이론적·실천적 과학이다. 따라서 미용기업은 전략적 경영(strategic management)을 통하여 경제적 · 사회적 · 문화적 환경은 물론이거니와 경쟁업체 · 고객 · 거래처(재료공급자) 등의 외부환경으로서의 이해관계자의 요구를 충분히 파악하고 이에 대처할 수 있는 방안을 모색하여야 한다.

① 인적자원 : 경영자, 디자이너 및 인턴, 주니어, 고객, 재료공급자, 컨설턴트 등
② 물적자원 : 자본, 현금, 카드, 인테리어, 시설, 미용기구 및 용구, 미용재료, 소품, 위생설비, 미용상품
③ 기술자원 : 커트, 퍼머, 염색(컬러), 코팅, 업스타일, 세팅, 컬링, 블로우 드라이, 메이크업, 에스테틱, 기기사용법, 고객 상담 능력, 직업자세와 태도, 작품스타일 등
④ 경영자원 : 회계, 자금관리, 인적자원관리, 기술관리, 마케팅관리
⑤ 미용정보 및 지식자원 : 컴퓨터를 이용한 인터넷과 미용경영 프로그램, 미용문화사, 인체해부학, 모발, 피부학, 메이크업, 색채학, 패션, 디자인, 상담심리학, 해부생리학, 향장품학, 공중보건학, 소독학 등
⑥ 외부환경 : 사회, 문화적 일반조건, 경쟁업소, 고객, 재료공급자 등

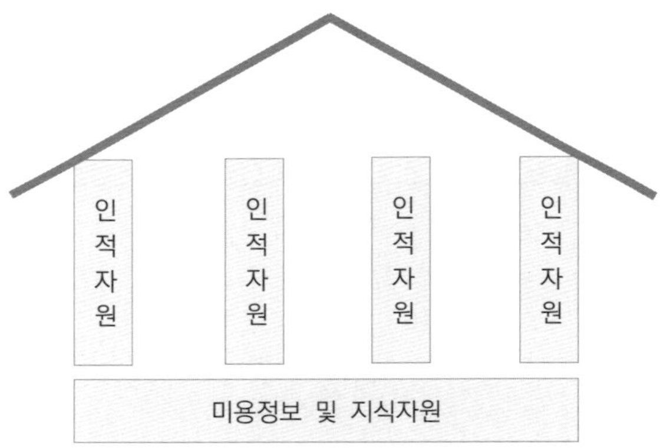

그림 1-2 미용기업의 경영개념도[3)]

(3) 미용경영의 중요성

미용기업의 경영에 있어서 고객관리, 인적자원관리(인사관리), 마케팅관리, 대고객서비스, 기술개발 및 교육훈련, 재무관리 등 그 어느 하나라도 소홀히 해서는 성공적인 경영을 기대할 수 없다. 경영자는 기업의 각종 자원들을 효율적으로 활용하여 자기 기업에 맞는 경영전략을 구사하여야 한다.

---

3) 윤수용, 미용경영학개론, 훈민사, 2001(초판), p.20

표 1-1 미용경영의 중요성[4)]

구 분	경영계획이 있는 미용기업	경영계획이 없는 미용기업
고 객	중산고객층이 누군가 명확하게 나타나 있다.	중심고객층이 명확하게 나타나 있지 않다.
기 술	타겟(target)에 맞는 기술이나 스타일을 특화한다.	중심기술과 특징이 없으며, 스타일이 특화되어 있지 않다.
경영자	기술자로서의 자부심보다 경영자로서의 책임감을 우선으로 한다.	자신은 '기술이 높기 때문에'를 입버릇처럼 말한다.
종업원	항상 생산성을 고려하여 업무를 하며 매출에 신경 쓴다.	안정적인 종업원 정착을 바랄 수 없고 항상 종업원이 고생스럽다.
이 익	이익은 결과로서가 아니라 적극적으로 획득하는 것이라고 생각한다.	이익은 열심히 일한 결과라고만 생각한다.
관 리	합리적이며 다른 사람이 알기 쉽도록 한다.	모든 일을 적당히 하며, 다른 사람이 알아보기 어렵다.
전 략	경영의 비전을 실현하기 위한 명확한 지침이 나타나 있다.	처음부터 전략이라는 개념이 없다.

□ **미용경영에서의 각종 자원의 활용**

① 기술운영관리 : 고객상담기술, 미용시술 기능
② 재무관리 : 회계, 가격(요금)관리, 손익분기점의 이익 산출
③ 인적자원관리 : 미용기업의 채용관리, 교육훈련, 임금 및 복리후생 등
④ 마케팅관리 : 광고, 가격, 홍보, PR 등
⑤ 고객관리 프로그램 : 고객관리, 종업원관리, 약품 및 물품관리 등

3) 고객만족을 위한 서비스경영

미용업계는 지금까지의 주먹구구식 관리에서 벗어나 새로운 경영기법의 도입과 교육훈련(세미나, 워크숍 포함)을 통한 기술 연마 및 지적 능력 확충, 그리고 고객의 중요성을 인식한 고객관리 및 고객관계관리 등의 서비스경영 체제로 변모하지 않으면 안 된다.

서비스를 잘 하려면 어떻게 해야 할까? 그것은 말할 것도 없이 고객에 대한 존중심을

4) 정훈, 미용과 경영, 예림, 2002(개정판), P.18

갖는 일이다. 고객의 몸을 귀하게 여기는 마음이 있으면 정성어린 서비스가 절로 나온다. 만약 이런 존중심이 없으면 고객은 용하게도 금방 알아차린다. 왜냐하면 미용은 고객의 신체를 접촉하는 일이어서 서비스하는 사람의 손을 통해 마음이 전달되기 때문이다.

(1) 고객밀착관리

고객이 올 때까지 기다리는 것이 아니라 고객을 유치할 수 있는 방법을 모색하여 고객에게 다가갈 수 있도록 하여야 한다.

□ 밀착관리 방법 : 전화, 편지, 이메일 발송, 공개 미용강좌, 미용 이벤트, 카페처럼 이용할 수 있는 생음악무대, 지역민과 함께 하는 봉사활동, 지역 백화점이나 패션 업체와 연계행사

(2) 다양한 고객응대기법 개발

고객은 한 가지 성격을 가진 사람만 오는 것이 아니므로 각자의 성격에 맞는 응대기법을 개발하고 실천하여야 한다.

□ 고객의 성격 : 명랑한 사람, 침착한 사람, 의심 많은 사람, 신경질적인 사람, 거만한 사람, 잘난 체 하는 사람, 유식한 체 하는 사람, 온순하고 얌전한 사람

(3) 고객심리 파악

고객들 중에는 헤어, 피부미용관리, 메이크업, 발관리 및 제품구입만을 목적으로 오지 않고 다른 목적으로 오는 경우도 얼마든지 있다. 예컨대, 편하게 좀 쉬고 싶다든지, 스트레스(stress)가 있어 이를 해소하려 한다든지, 동네나 기타 정보를 얻고 싶다든지 등 여러 목적으로 점포에 들리는 경우도 있다. 이런 고객의 내방 욕구 및 심리를 잘 파악하여 만족시키는 것도 고객만족의 한 방법이다.

□ 고객의 심리 : 우월성 심리, 과시적 심리, 대접받고 싶은 심리, 자랑하고 싶은 심리, 편하고 싶은 마음, 아름다워지고 싶은 마음, 행복해지고 싶은 마음

(4) 호감을 주는 서비스 제공

여성들은 섬세하고 정에 많이 끌리는 편이라 조그마한 정성에도 호감을 가진다. 다음은 고객에게 호감을 줄 수 있는 서비스다.

① 고객과 꾸준한 관계를 유지한다. 가령 단골고객에게 생일날 남편도 주지 않는 생일케이크에 카드까지 보낸다면? 가벼운 선물 하나가 고객의 마음을 움직인다.

② 고객에게 관심을 보인다. 고객이 지난 번 서비스를 받고 나서 피부가 깨끗하졌거나 윤기가 흐른다면 바로 이런 점들을 말해 주자. 사람은 자신에게 관심을 보여주는 사람을 좋아한다.
③ A/S를 해준다. 혹시 잘못하여 서비스가 고객의 마음에 들지 않았다면 불쾌한 기색을 나타내지 말고 무료로 다시 해주자. 자신의 잘못을 솔직히 인정하는 것도 고객에게 신뢰를 주는 방법이다.
④ 모든 고객에게 공평하게 대한다. 종사자들이 간혹 팁(tip)을 염두에 두고 마음에 드는 고객에게 특별대우를 하는 경향이 있다. 차별대우를 받는지 손님들은 알고 있으므로 고객을 정직하고 공평하게 대해야 한다.
⑤ 활기찬 웃음으로 고객을 대한다. 자연스럽게 나오는 웃음과 인사가 더 따뜻하기에 업소의 이미지를 좋게 한다. 모든 고객에게 정중한 서비스를 제공하고 매사에 품위를 유지해야 한다.
⑥ 최신의 읽을거리를 준비하자. 해묵은 잡지나 일자가 지난 신문을 그대로 드는 것은 고객에 대한 배려가 부족하고 서비스가 좋지 않다는 증거다. 다양한 잡지를 놓아두자. 남성 고객을 생각해서 시사 잡지를 두는 것도 좋은 방법이다.

(5) 좋은 서비스의 개발

좋은 서비스는 고객을 위해 항상 노력해야 나올 수 있는데, 다음과 같은 점을 착안하여 새로운 서비스를 개발하거나 현재의 서비스를 고치도록 노력해야 한다.

□ 서비스의 질을 결정하는 요소

① 성의, 스피드, 미소 : 성의 있고 신속한 서비스 제공과 상냥한 미소가 서비스의 질을 결정한다.
② 활기 : 서비스는 활기차야 하는데, 말소리나 표정이 밝을 때 고객과의 대화가 활기를 띈다.
③ 혁신 : 천편일률적인 서비스가 아니라 항상 새로운 것을 발견하고 창조해야 한다.
④ 가치 : 서비스는 서로에게 이익이 되고 가치 있는 것이어야 한다.
⑤ 상호 의사소통 : 일방적이 아니라 고객과의 상호이해와 의견교환이 필요하다.
⑥ 환대 : 언제나 고객을 진심으로 대해야 한다.

□ 고객의 심리

우월성 심리, 과시적 심리, 대접받고 싶은 심리, 자랑하고 싶은 심리, 편하고 싶은 마음, 아름다워지고 싶은 마음, 행복해지고 싶은 마음

2. 미용경영의 활성화 방안

미용경영에는 왕도가 없다. 그러나 경영을 잘 할 수 있는 방법은 얼마든지 존재한다. 단순히 이익만 추구하는 기업이 아니라 고객을 위해 존재한다는 남다른 경영이념과, 목표 달성을 위한 구체적인 경영전략을 수립하여, 계획성 있게 꾸준히 실천하고 추진한다면 치열하고 급변하는 경영환경에서도 얼마든지 살아남을 수 있을 것이다.[5] 기업 경영자에게나 비즈니스맨에게는 난세는 둘도 없는 기회라는 사실을 명심하자.

경쟁이 치열한 미용기업의 경영 활성화를 위해서는 무엇보다도 합리적인 경영시스템을 도입하고 다음과 같은 방법에 귀를 기울일 필요가 있다.

1) 지식경영의 도입

21C 새로운 기업 패러다임으로 등장하고 있는 지식경영의 의미를 보면 '기업목표를 달성하기 위해 지식을 창조하고 확산하고 활용하는 일련의 과정'이라고 표현할 수 있다. 지식경영의 주된 내용은 다음과 같다.[6]

① 지식경영은 암묵적 지식을 형식적 지식으로, 개인의 지식을 조직의 지식으로 바꾸어서 새로운 지식을 창출, 공유하게 하는 것이다.

㉠ 암묵적 지식 : 형식적으로 나타나지 않은 잠재적 지식으로 노하우나 조직문화 등

㉡ 형식적 지식 : 말이나 글로 표현되는 지식으로 업무 매뉴얼, 설계도, 데이터베이스 등

㉢ 개인 지식 : 개인 각자에게 내재되어 있는 지식이나 개인이 보유하고 있는 지식

㉣ 조직 지식 : 조직 내에 축적되어 있는 기술, 특허, 경영기법, 데이터베이스뿐만 아니라 경영전략, 사업 영역, 조직문화 등을 포함하는 개념

② 지적인 자산, 즉 잠재적 지식을 소유권이 보장하는 지적 자본으로 발전시키고, 또한 경제적 이익을 발전시키는 지적 자산을 창출하는 전과정이 지식경영이다.

③ 행정부나 지방자치단체가 새로운 지식을 개발하고 적용하여 국민에 대한 서비스의 질을 높이는 것도 지식경영에 속한다.

---

5) 기업은 이익을 전제로 존재하지만 고객만족경영, 정도경영, 윤리경영 등 사회적 책임을 다하는 기업들도 많이 있다. 유한킴벌리, 유한양행 등을 살펴보라!

6) 김윤섭, 지식사회의 정신적 인프라, 학문사, 초판, 2001, pp297~298

④ 초·중등학교를 비롯한 대학과 대학원에서 우수한 교수·학습프로그램을 개발하여 교육의 질을 높이고 학생 개개인의 질적 수준을 향상시키는 모든 과정도 지식경영이다.

지식경영은 크게 다음 세 가지 핵심요소로 구성된다.

① 지식을 창출 획득하는 과정
② 그것을 공유하는 과정
③ 이를 이익창출로 연결하기 위해 활용하는 과정

여기서 무엇보다 중요한 것은 조직 내부에 있는 기존지식을 공유하는 것이라고 볼 수 있다. 지금까지 미용기업은 자기만의 뛰어난 기술, 경영 노하우, 득특한 CS(고객만족) 서비스를 가지고 있어도 조직 외부는 물론 내부에서도 절대로 공유하지 않는 것을 원칙처럼 생각하여 왔다. 이런 사고방식으로는 21C 미용경영환경에서 미용기업의 발전이라는 것은 이루어질 수 없다. 지식공유를 통한 전문지식과 선진기술의 확보로 고객수요를 창출하여야 할 것이다.

2) 경영전략과 전략경영

(1) 경영전략

"변해야 산다." 이 말에 누구나 공감하고 변해야 한다고 생각하지만 막상 무엇을 어떻게 어떠한 방법으로 할 것인가에 대하여 막힘없이 추진하기는 그리 쉽지 않을 것이다. 구태의연한 경영으로는 변화의 물결을 헤쳐 나갈 수 없다. 경영에도 전략이 있어야 한다.

전략(strategy)이란 일반적으로 전쟁에서 승리하기 위한 계획 혹은 지략이다. 손자병법에도 '지피지기(知彼知己)'면 '백전백승(百戰百勝)' 또는 '백전불태(百戰不殆)' 라는 말이 있지 않은가?

따라서 경영전략(management strategy)이란 경쟁에서 승리하기 위해 매력적 사업영역을 확보하고, 지속적 경쟁우위를 보유하기 위한 계획이라 할 수 있다. 따라서 지속적 경쟁우위의 보유는 강점이 될 수 있는 내부자원이나 능력을 개발하여 축적하고, 이들 축적된 내부자원이나 능력(강점)을 외부환경과의 관계 속에서 차별적으로 활용하여야 한다.7)

7) 어윤대·방호열, 전략경영, 학현사, 초판, 1996, pp.18~19

(2) 전략경영

우리는 변화와 혁신이 계속 요구되는 21C에 살고 있다. 이전의 방법과 전략으로는 급변하는 환경에 대처하기가 어렵다. 이러한 시대에 기업의 흥망성쇠를 결정하는 것은 '전략적 관리' 라고 불리는 그 기업의 의사결정 여하에 달려 있다. 전략적 경영자의 직무는 변화하는 환경 속에서 그 기업이 소유한 자원을 가장 능률적으로 이용하는 것이다. 전략경영(strategic management)이란 기업의 사명(mission)을 추구하고, 목표를 달성하기 위해 자사가 직면하고 있거나 직면하리라고 예상되는 환경상의 기회(opportunity)와 위협(threat)을 자사의 내부능력과 서로 결합시키는 효과적 전략을 수립하고 실행하는 일련의 의사결정과 행동 과정을 말한다.[8)]

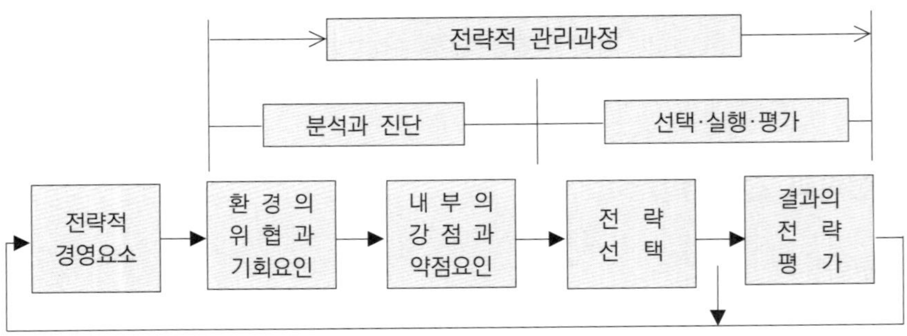

그림 1-3 전략적 관리의 모델

□ 전략적 관리과정의 단계

① 분석과 진단

환경의 위협과 기회를 결정하고, 기업 내부의 강점과 약점을 결정하는 과정이다. 이것은 문제점과 기회를 인식하는 것과 정보를 평가하는 것이 포함된다. 따라서 분석과 진단단계에서 상황의 판단이 선택단계에서의 고민을 해결해 줄 수 있다.

② 선택

분석과 진단단계에서 제시된 문제를 해결할 수 있는 전략 대체안을 구상하고, 이것들을 평가함으로써 가장 좋은 대체안을 선택하는 과정이다.

8) 홍석보·송병선·김창원·이내풍, 전략적 경영혁신기법, 학문사, 초판, 1999, pp.13~18

③ **실행**

대체안 중에서 선택된 전략이 실행될 수 있도록 전략을 지지하는 조직구조를 만들고 계획과 방침을 개발하는 과정이다.

④ **평가**

피드백을 통하여 전략이 효과적인지 아닌지를 결정하고, 그 전략이 효율적이 아니면 새로운 조치를 취하는 과정이다.

3) 경영혁신기법 도입

"장사는 돈을 남기는 것이 아니라 사람을 남겨야한다."는 어느 조선 상인의 말이 떠오른다. 경영자는 장기적인 안목을 가지고 미래에 대비할 수 있는 경영이념과 확고한 경영목표를 설정하여야 한다. 경영이념과 경영목표를 정하고 난 뒤에 반기(6개월), 분기(3개월), 1개월 등의 매출목표를 수립하고 달성할 수 있는 방법, 직원관리 및 점포운영계획을 수립할 수 있는 마인드가 있어야 한다.

경영자는 자신의 행동에 책임을 지는 마음가짐과 함께 강한 추진력 그리고 실천력이 필수라고 할 수 있는데, 이러한 자질은 하루아침에 만들어지는 것이 아니기 때문에 다양한 교육을 통해 능력과 자질을 배양하여야 한다.

경영혁신(management revolution)을 위해서는 새로운 비전의 확정에서 출발하도록 해야 한다. 현실에의 비전을 모든 구성원들에게 공유시키기 위해서는 최고경영자의 letter발간, 설명회의 개최 등이 사전적으로 이루어져야 한다.

경영혁신을 위해서는 계량적 지표 및 목표수준을 보여주는 전략의 수립활동과 비계량적 풍토의 조성을 목적으로 하는 기업문화 정립 활동이 동시에 이루어져야 하며, 그 실천성과 효과성을 판정하기 위한 전략평가시스템이 구체적으로 정립되어야 한다.[9] 경영혁신은 제도변화를 위한 것이 아니라 구성원들의 가치관과 행동방식의 변화를 요구하고 있는 것이다.

리엔지니어링, 벤치마킹, 리스트럭처링, ERP, 핵심역량, 가상기업, 시간중심경영, 주주관계활동, 글로벌경영, 다운사이징, 네트워크 조직, 수퍼리더쉽, 학습조직, 고객만족경영, 그림마케팅, 데이터베이스 마케팅

9) 박기찬, 경영혁신, 명경사, 초판, 2000, pp.26~30

4) 강한 기업 창조

지금까지 미용기업은 단지 지역 안에서만 경쟁을 해 왔지만 21C는 국제경쟁시대이므로 외국 미용기업, 외국 유명 디자이너와 경쟁하는 시대로 접어들 것이다.

1990년대 중반 외국 유명 미용 프랜차이즈가 외국기술과 경영노하우로 미용업계에 진출하였지만 큰 성공을 거두지 못하였다. 그렇지만 최근 '쟈끄데샹쥬', '토니앤가이', '장루이다비드' 같은 외국계 프랜차이즈가 다시 진출하여 한국시장의 가능성을 인식하고 그 성공여부를 타진하고 있는 중이다.

이런 현실을 감안하여 끊임없는 교육훈련을 통한 자기계발과 경쟁력 있는 기술의 확보 및 새로운 지적능력의 배양은 물론 효율적인 고객관리와 경영전략을 통하여 강한 기업으로 육성하여야 치열한 경쟁 속에서 살아남을 수 있다.

5) 고객만족경영

미용기업의 '고객만족'이란 고객의 요구와 기대에 최대한 부응하여 그 결과 미용기업의 기술과 서비스의 재이용과 재구매가 이루어지고 아울러 고객의 신뢰감이 연속적으로 이어지는 상태를 말한다.

21C를 맞이하여 미용기업은 고객만족, 고객행복, 고객창조 경영시대에 낙오하지 않기 위해서는 고객의 욕구와 요구가 무엇인지를 파악하고, 이를 충족시키는 데 부족함이 없는 기술과 서비스로 고객을 맞이하고, 이들로부터 점포에 대한 충성심(loyalty)을 확보할 할 수 있어야 한다.

□ 고객 3대 만족

① 상품(서비스) : 뛰어난 기술, 독특한 기술, 차별화된 기술
② 기업(점포) : 좋은 이미지, 신뢰할 수 있는 기업, 편안한 기업
③ 사람(종업원) : 친절하고 적극적인 미용사, 웃음과 활력을 줄 수 있는 종업원

6) 기술 변화에 대한 능동적 대처

1998년에 자연스런 분위기를 연출할 수 있는 「셋팅 파마」가 유행했는데, 이것이 유행하리라고 예측한 사람은 그리 많지 않았을 것이다. 1999년 초부터 유행한 것은 '곱슬머리 확실하게 펴드립니다' 라는 문구의 「매직 스트레이트」 역시 마찬가지다.

이렇듯이 기본적인 미용실의 매뉴얼 외에 고객들의 욕구와 만족을 자극하는 새로운

매뉴얼이 등장하고 있는 것이다. 무엇이든지 변화의 흐름에 빨리 대처하는 미용실이 고객을 한 명이라도 더 유치할 수 있을 것이다.

7) 철저한 직업의식

직업인으로서 무엇보다 중요한 것은 미용을 진정한 예술로서 그리고 자신의 평생 직업으로서 사랑하는 마음이 우선일 것이다. 미용에 대한 열정과 마음가짐이 기초가 되어 미용기업을 경영할 때 우리의 미용수준은 한층 더 향상될 것이며, 미용 종사자 한 사람 한 사람이 미용업계를 짊어지고 가는 버팀목이 될 것이다.

3. 미용경영자의 역할과 자질

1) 미용경영자의 역할

미용경영자는 경영이념을 가지고 미용기업의 인적 · 물적자원을 이용하여 기업활동을 계획하고, 조직하고, 지휘하고, 조정하고, 통제함으로 경영목적을 달성하는 관리자다.

그러므로 미용기업의 모든 자원을 활용하여 성과를 도출하고 그 결과에 대한 책임을 지는 역할을 담당하여야 할 뿐만 아니라 종업원들이 자신의 적성과 능력을 계발할 수 있는 여건과 분위기를 조성하여야 한다.

또한 미용실을 이용하는 고객이 편안함을 느끼고 종업원이 생산성을 향상할 수 있도록 각종 시설과 집기 등을 배치하는 능력을 갖추어야 하고, 고객의 욕구와 요구에 대한 관심을 갖고 조직을 합리적으로 이끌어가야 한다.

그리고 미용경영자는 미용기업의 업태가 무엇인지를 충분히 인식하고 고객에게 행복과 기쁨을 주면서 동시에 경영목표를 달성할 수 있도록 경영전략을 수립하고 이를 추진하여야 한다.

□ 미용경영자의 역할

① 미용기업의 상권을 파악하고 입지선정을 할 수 있어야 한다.

② 미용기업에 필요한 인적자원을 잘 확보하고 적재적소에 배치할 수 있어야 한다.

③ 교육훈련을 통한 종업원의 능력과 기술을 개발하고 최대로 발휘하게 할 수 있어야 한다.

④ 미용을 사랑할 수 있는 인성교육을 통해 인재양성을 할 수 있어야 한다.
⑤ 효율적인 목표관리를 통해 미용기업의 가치를 높일 수 있어야 한다.
⑥ 수입과 지출의 정확한 파악과 자금관리에 철저해야 한다.
⑦ 미용기업의 브랜드 가치와 업체 간 경쟁가치를 높일 수 있어야 한다.
⑧ 고객이 찾아 올 수 있는 분위기가 되도록 미용기업 내의 계획적인 시설과 설비를 구성하여야 한다.
⑨ 기업환경과 여건을 잘 파악하고 시대에 맞는 마케팅전략을 구사하여야 하다.
⑩ 철저한 고객관리를 통하여 고객에게 만족과 행복을 줄 수 있어야 한다.

2) 미용경영자의 자질

다음은 어떤 외국기업의 CEO가 한국 경제에 대한 진단이다.

"한국 경제는 근본적으로 선진국형 경쟁력 확보를 위한 경제활동의 원칙 준수, 기업경영의 기본기, 경영자의 자질과 전문성 등 세 가지 기본이 매우 취약하다. 현재 진행중인 금융권 및 재벌을 포함한 대기업의 물리적 구조조정은 경쟁력 확보를 위해 반드시 필요한 첫 포석에 불과하다."

한국기업의 경영자의 자질과 전문성이 취약한 것인가? 대답은 그렇다고 할 수 있다. 실제로 미용기업뿐 아니라 한국 기업의 경영자의 자질은 선진국 수준에 못 미치는 것이 사실이다. 그러면 경영자에게는 어떤 자질이 필요한가?

□ 성공할 수 있는 경영자의 자질

① 강력한 체력과 정신력을 단련할 것
② 뜻을 품고 열정을 키울 것
③ 원가에 대한 세밀한 지식을 가질 것
④ 위기관리능력을 양성할 것
⑤ 판단력과 의사표시능력을 양성할 것
⑥ 왕성한 지식욕 : 항상 기록하고 경청하는 자세
⑦ 조그만 일이나 사소한 일도 그냥 지나치지 않는 통찰력
⑧ 자기 관련 업종에 대한 자료를 많이 수집하고, 그것을 가지고 있다.
⑨ 말을 아낀다. 모든 것을 신중하게 생각한다.
⑩ 시대를 읽는 눈이 밝다. 미래의 변화를 읽고 장기계획을 세운다.

다음 〈표 1-2〉는 미용경영자로서의 자질이 있는지를 알아보기 위한 내용이다. 각자가 경영자로서의 자질을 얼마나 갖고 있는지 알아보도록 하자.

표 1-2 미용경영자의 자질

기 질	-2	-1	0	1	2
융통성					
도전적임					
박력					
리더쉽(leadership)					
남과 잘 어울림					
다른 사람의 의견에 관심을 가짐					
비판적인 견해에 귀를 기울임					
끈기					
자금동원능력					
성취욕구					
주도적으로 일함					
독립심					
앞을 내다보는 능력					
이익지향적					
낙천적					
다양한 재주					
미용에 관한 지적욕구					
미용에 관한 기술 향상력					
미용 직업에 대한 긍지					
선배 미용인에 대한 존경심					
기타 특기사항(기록요망)					
점 수	점				

-2 : 이러한 기질은 전혀 갖고 있지 않다.
-1 : 이러한 기질을 갖고 있지 않다.
0 : 잘 모르겠다.
+1 : 이러한 기질을 약간 갖그 있다.
+2 : 이러한 기질을 대단히 많이 갖고 있다.
※점수가 높을수록 경영자 기질이 많음

4. 미용경영의 시대적 변천

1920년 7월 28일자 동아일보에 '경성미용원'의 광고가 실렸으니 이 미용실이 우리나라 최초의 미용실이다. 그 뒤로 전국적으로 수많은 미용실이 들어섰는데, 1970년대 이전까지는 서비스나 경영이라는 개념보다는 기술 위주의 생계수단에 불과했다고 할 수 있다. 그렇다보니 대부분의 미용실은 영세성을 벗어나지 못하였으며, 종사자들 대부분이 여성들이었다.

표 1-3 우리나라 미용실 경영과 헤어의 변천[10)]

경영분류	시대/유행	내 용
기술자 중심의 기술력의 승부	1960년대 불 퍼머 아이롱	-미용에 대한 이해가 없던 시대 -어린 학생들은 이발소에서 보브 단발 시술 -커트의 개념보다는 면도날로 긁어 조각 개념 -숯불에 달구어 1온식 퍼머를 함
기술의 시대 주먹구구식 경영	1970년대 세팅 마샬	-롤 셋팅기구에 모발을 말아 형을 만듦 -가수 윤복희의 미니 스커트와 쇼트 커트 처음 소개 -염색 개념 없이 맥주나 소독약으로 염색
경영초기 시대 (경제발전 계기)	1980년대 드라이	-퍼머 웨이브를 강하게 하여 거의 매일 드라이로 폄 -80년대 후반 커트의 개념이 서서히 잡힘 -레이어 형의 스타일 유행 - 거지 커트라고 명칭
고객선택 시대	1990년대 퍼머 커트	-남성 미용인들이 두각을 나타낸 시기 -아주 짧은 쇼트 커트 유행 -90년대 후반에 버티컬 커트 유행하기 시작
컴퓨터와 고객감동시대	2000년대 염색, 매직 헤어케어	-드라이 개념에서 매직으로 넘어오는 시대 -컬러 감각의 자유화 선언 -스카치 컬러(브릿지)와 가벼운 헤어커트 시대 도래

1980년대에는 경제발전과 소득수준의 향상으로 미용업계에도 질적, 양적으로 많은 변화가 있었다. 미장원이 수적으로 이발소(이용원)를 앞지르게 되었고, 각종 미용 재료와 기구가 쏟아져 나오고, 수많은 미용학원이 설립되었다.

10) 윤수용, 전게서, p.36

1990년대에는 미용경영이라는 새로운 인식 변화와 함께 미용기업도 대형화, 조직화되면서 대학에서는 미용 관련 학과가 생겨났다. 또한 시장개방으로 인하여 외국계 미용기업이 들어오고 프랜차이즈 형태의 미용실도 선을 보이게 됨에 따라 경쟁은 더욱 치열하게 되었다.

오늘날 미용실은 전문화 또는 대형화되어 헤어전문 미용숍, 메이크업전문 미용숍, 발관리전문숍, 피부관리숍, 체형관리숍, 네일전문숍 등으로 세분화되고 있다. 그리고 일부에서는 대형 복합 미용실을 개설하여 한 장소에서 전문인끼리 모여 종합미용실을 운영하는 형태를 보이기도 한다.

일곱 가지 경영 유형

1. **민주적 경영** : 직원들의 의견을 존중하여 합의를 이끌어내는 데 중점을 두는 유형. 경영에 대한 의욕과 동기를 높이고자 한다.
2. **인간관계형 경영** : 직원들을 인간 대 인간으로 대하는 유형. 가능한 한 대립을 피하고 우호적이며 가족적인 관계를 중시함으로 성과를 올리고자 한다.
3. **육성형 경영** : 인재를 육성하는 데 중점을 두는 유형. 직원의 성장을 지원하고 동기부여를 하며 끊임없이 성장 과제를 제시하고자 노력한다.
4. **권위형 경영** : 회사의 이념과 방침, 목적을 명확히 하여 미래를 향해 직원들을 이끌어 나아가고자 하는 유형.
5. **솔선수범형 경영** : 사장이 직접 현장에서 모범을 보이는 유형. 직원들에게 일하는 방법을 가르쳐주는 동시에 공감대를 형성할 수 있다.
6. **강제형 경영** : 직원들의 생각을 무시한 채 자신의 뜻에 따라 무리하게 이끌어 나아가는 유형
7. **권력과시형 경영** : 고용을 유지하고 임금을 지불하는 유리한 입장에서 직원들을 마음대로 부리고자 하는 유형.

(자료원: 남상진 역, 경영의 교과서, 청림출판, pp.56~59)

제 2 장

창업과 사업계획

1. 창업이란 무엇인가?

1) 창업의 의의

창업이란 문자 그대로 '기업을 설립하는 것'을 말하는데 나라마다 그 의미를 달리 한다. 우리나라에서는 새로 중소기업을 설립하는 것을 창업이라 하는데, 「중소기업창업지원법」 제2조의 규정에 정의되어 있다.

이미 창업되어 기업의 동일성이 유지되는 다음 각 호에 해당되지 아니하는 경우로서 별도로 정하는 업종은 제외한다(중소기업창업지원법 시행령 제2조).

① 타인으로부터 사업을 승계하여 승계 전의 사업과 같은 종류의 사업을 계속하는 경우
  - 사업의 일부를 분리하여 해당 기업의 임직원이나 그 외의 자가 사업을 개시하는 경우로서 중소벤처기업부령으로 정하는 요건에 해당하는 경우는 제외한다.

※ 중소벤처기업부령이 정하는 요건(중소기업창업 지원법 시행규칙 제2조)
- 사업을 하던 자와 사업을 개시하는 자 간에 사업 분리에 관한 계약을 체결할 것
- 사업을 개시하는 자가 새로 설립되는 기업의 대표자로서 그 기업의 최대주주 또는 최대출자자가 될 것

② 개인사업자인 중소기업자가 법인으로 전환하거나 법인의 조직변경 등 기업형태를 변경하여 변경 전의 사업과 같은 종류의 사업을 계속하는 경우
③ 폐업 후 사업을 개시하여 폐업 전의 사업과 같은 종류의 사업을 계속하는 경우

2) 창업으로 보지 않는 경우

(1) 사업장 승계 및 기업 형태 변경

기존의 사업장을 승계하거나 기업형태를 변경하여 사업을 시작하는 것은 창업으로 보지 않는다.

단순히 조직을 변경함으로써 형식상의 창업절차일 뿐 실질적으로는 중소기업 신설 효과가 없으므로 창업의 범위에서 제외하고 있다.

□ 타인으로부터 사업을 승계하여 같은 업종의 사업을 계속하는 경우

다음과 같이 사업을 새로이 개시하지 않고 기존의 사업을 인수하여 같은 업종을 계속하는 경우에는 중소기업을 새로이 창설하는 효과가 없으므로 창업의 범위에서 제외된다. 다만, 사업승계인 경우에는 이종사업(異種事業)을 영위하는 경우는 창업으로 본다.

① 상속이나 양도에 의해 사업체를 취득하여 동종 사업을 계속하는 경우
② 폐업한 타인의 공장을 인수하여 같은 사업을 계속하는 경우
③ 기존공장을 임차하여 기존의 사업과 동종의 사업을 영위하는 경우

※ "승계의 예외"에 대한 질의응답 사례
「중소기업창업지원법시행령」 제2조 제1항 제1호의 규정에 의한 타인으로부터 사업을 승계(承繼)하여 승계전의 사업과 동종의 사업을 계속하는 경우에는 동법상 창업의 범위에 해당하지 않으나, 법원의 경락절차(競落節次)에 의거 유입물건만을 매입하였을 뿐 사업에 관한 권리와 의무를 포괄적으로 인수하지 않았을 경우에는 창업으로 인정한다.

□ 법인전환 · 조직변경 후 같은 업종의 사업을 계속하는 경우

다만, 조직변경 전후의 업종이 다른 경우는 변경전의 사업을 폐지하고 변경후의 사업을 창업한 것으로 인정한다.

① 개인사업자가 법인으로 전환 또는 합명·합자·유한·주식회사 간 법인 형태를 변경하여 동종의 사업을 계속하는 경우
② 기업을 합병하여 동종 사업을 영위하는 경우 등

□ 폐업 후 사업을 개시하여 동종 사업을 계속하는 경우

다만, 폐업 후 사업을 재개하더라도 폐업전의 사업과 다른 업종의 사업을 새로이 개시하는 때에는 창업으로 본다.

① 사업의 일시적인 휴업이나 정지 후 다시 사업을 하는 경우
② 공장을 이전하기 위해 이전 전 장소의 사업을 폐업하고 새로운 장소에서 다시 사업을 하는 경우

(2) 동종 사업으로 보지 않는 경우

위의 세 가지 경우에 해당되는 동종의 사업을 계속하더라도 사업개시전의 기존업종과 '한국 표준 산업 분류'에 의한 세분류(細分類)를 달리하는 업종을 추가하여 사업을 새로이 개시하는 경우에는 다음 산식(算式)에 의하여 산출된 매출비율이 100분의 50 이상인 경우에는 창업으로 인정한다.

$$\frac{\text{업종이 추가된 날이 속하는 분기의 다음 2분기 동안의 추가된 업종의 총매출액}}{\text{업종이 추가된 날이 속하는 분기의 다음 2분기 동안의 총매출액}} \times 100$$

(3) 창업 제외 업종

다음 업종은 창업의 범위에서 제외된다(중소기업창업 지원법 제3조, 시행령 제4조). 미용업은 한국표준산업분류 기준으로 기타 개인 서비스업에 해당하여, 「중소기업창업지원법」에 의한 창업이 아님을 유의하기 바란다.

① 금융 및 보험업.
(정보통신기술을 활용하여 금융서비스를 제공하는 업종을 그 주된 업종으로 하고, 그외 기타 여신금융업을 주된 업종으로 하지 아니하는 업종은 제외함)
② 부동산업
③ 숙박 및 음식점업
(호텔업, 휴양콘도 운영업, 기타 관광숙박시설 운영업 및 상시근로자 20명 이상의 법인인 음식점업은 제외한다)
④ 무도장운영업
⑤ 골프장 및 스키장운영업
⑥ 기타 갬블링 및 베팅업
⑦ 기타 개인 서비스업(그외 기타 개인 서비스업은 제외한다)
⑧ 그 밖에 제조업이 아닌 업종으로서 중소벤처기업부령으로 정하는 업종

3) 창업에 대한 자금지원

우리나라에서는 중소기업을 새로이 설립하는 경우에만 창업지원이 되므로 창업 초기 자금의 지원이 매우 빈약한 실정이다. 미용업은 창업 중소기업에 해당하지 않으므로 시중은행(생계형), 기업은행(프랜차이즈) 및 소상공인시장진흥공단(소상공인) 등에서 자금을 지원 받을 수 있는데, 여기서는 소상공인시장진흥공단의 자금지원에 대하여 알아본다.

「소상공인시장진흥공단」은 소상공인 육성과 전통시장·상점가 지원 및 상권활성화를 위해 설립된 준정부기관으로서 소상공인과 전통시장을 보다 체계적이고 효과적으로 지원하기 위해 '소상공인진흥원'과 '시장경영진흥원'을 통합하여 출범하였다.

주요기능 및 역할로는 소상공인시장진흥기금 운용 및 관리, 소상공인 경영개선을 위한 정책자금·교육·컨설팅 지원, 소상공인협동조합 등 소상공인 협업화·조직화 지원, 전통시장별 특색에 맞는 시설 및 경영 지원, 소상공인 창업 및 경영정보 제공, 소상공인 및 전통시장 활성화를 위한 조사, 정책개발 등이 있다.

창업 성공을 위한 정보제공	규모화 조직화 지원	금융지원체계 다각화	경영효율성 강화`
전문 창업학교 운영	전통시장 인프라 강화	규제완화, 제도적 여건 개선	조직문화 선진화
지원서비스 강화	교육 컨설팅 강화	마케팅 홍보 지원	성장 동력 미래사업 지속발굴
재창업 지원 강화	소공인의 경쟁력 강화	안정적 기금 운영	

그림 2-1 소상공인시장진흥공단의 지원업무

□ 소상공인진흥공단의 소상공인 지원업무

■소공인 및 관련정책 정보제공 및 실태파악

■제조인력 정보 제공, 소공인 지원기관(산학연)과의 서비스 연계

■공용시설(전시장, 상담실 등)과 공용장비(3D 프린터 등)의 운영·관리

■소공인특화자금 신청 지원 및 기타 정부지원 사업 연계 지원

■상호 정보교류, 경영 · 기술 역량 배양 등을 위한 교육사업
■경영애로(세무, 회계 등) 및 판매촉진(상품기획 등) 전문컨설팅
■문화 · 예술인 협업을 통한 디자인 개선
■원자재 공동구매, 공동생산으로 완제품 생산 촉진
■지역·업종별 생산성 향상을 위한 작업환경 개선사업 운영·관리
■소공인의 발전을 위해 지역·업종에 특화된 자율사업

(1) 대출 내용

「소상공인시장진흥공단」에서 소상공인들에 대한 정책자금 융자로 안정적 경영환경을 조성하여 소상공인의 자생력을 제고하고 생업안전망을 구축하기 위해 정책자금을 운용한다.

① 일반경영안정자금: 사업자등록증 기준 업력 1년 이상의 소상공인
② 창업자금: 사업자등록증 기준 업력 1년 미만의 소상공인으로, 중소벤처기업부 장관이 정한 교육과정을 12시간 이상 수료한 소상공인

(2) 지원 대상(모두 해당되어야 함)

① 소상공인 기준(연평균매출액 + 상시근로자수)을 만족하는 자
② 사업자등록증을 소지한 개인 또는 법인 사업자
③ 정책자금 지원제외 업종이외의 사업을 영위하고 있는 소상공인
④ 비영리 개인사업자·법인, 단체 또는 조합이 아닌 경우

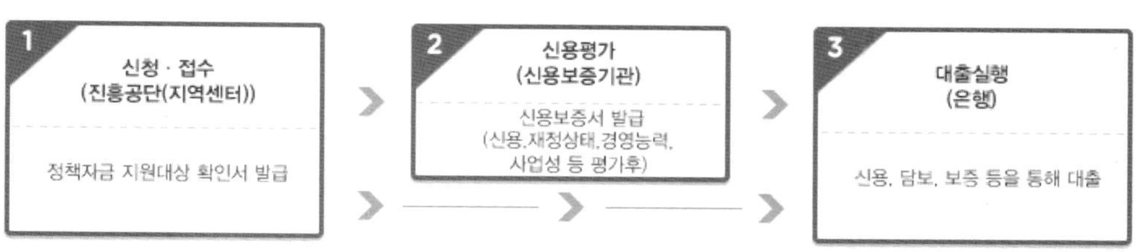

그림 2-2 소상공인지원센터 자금지원 진행 절차

(3) 대출 조건

① 대출한도 : 소상공인정책자금(대리대출) 융자잔액 기준으로 업체당 최고 7천만원 이내

② 대출금리 : 자금별 별도 금리 적용(연 2.0% ~ 2.7%, 2017년 3/4분기)

③ 대출기간 : 5년 이내 (거치기간 2년 포함)

④ 대출취급금융기관 : 국민, 기업, 신한, 우리, KEB하나, 한국씨티, 부산, 대구, 광주, 전북, 경남, 한국스탠다드차타드, 제주은행, 농협은행, 산업은행, 저축은행중앙회, 수협은행, 새마을금고, 신협중앙회

(4) 자금 신청시 준비서류

① 구비서류

a. 실명확인증표
b. 사업자등록증 또는 사업자등록증명 1부(최근 1개월이내)
c. 상시근로자 확인가능 서류 1부(최근 1개월이내)
d. (필요시) 업종별 연매출액 확인 서류 1부(최근 1년간)

② 작성서류

a. 정책자금 융자 신청서 1부
b. 사업계획서 1부
c. 정책자금 융자신청 자가진단 1부
  신용보증 자가 체크리스트 1부(담보방법으로 보증서-재단 선택한 자에 한함)
d. 개인(신용)정보 조회·수집·이용·제공 동의서 및 사전고지 확인서 1부

> 사업계획서에 포함할 내용 : 사업개요 및 창업동기, 주변지역 분석, 소요자금 명세서 및 조달방법, 손익분석전략

소상공인 10명 중 6명 상반기 외부에서 자금 조달

내수침체로 경기가 얼어붙은 올해 상반기 소상공인 10명 중 6명 이상이 외부에서 자금을 조달하며 버틴 것으로 조사됐다.

31일 중소기업중앙회에 따르면 도소매, 음식·숙박업, 기타 서비스업을 영우하는 전국 소상공인 456명을 대상으로 이달 7~22일 실시한 '2014년 상반기 소상공인 경영실태 및 하반기 전망 조사'에서 응답자의 65.4%가 "상반기 외부에서 자금(부채)을 조달했다"고 답했다

자금조달 이유는 사업체를 가동하기 위한 원부자재 구입(20.6%)이 가장 큰 비중을 차지했다. 이어 경상비(13.4%), 인건비(11.0%), 비품구입(10.5%), 상가보증금 및 임대료(9.9%) 등을 지급하기 위해 빚을 졌다.

상반기 조달한 부채 상환 여부에 대해서는 "원금상환은 못하고 이자만 납부한다"는 응답이 43.9%로 가장 많았다. "원금을 일부 상환했다"는 답은 23.9%에 그쳤고, "상환에 어려움이 있다"는 응답도 7.9% 나왔다.

부채 상환 가능 시점에 대해서는 5년 이내(23.0%)가 가장 많았고, 3년 이내(20.2%), 10년 이내(16.7%), 10년 이상(16.0%), 1년 이내(2.9%) 순이었다.

소상공인들은 올 하반기 경기도 어둡게 전망했다. 조사대상 중 절반이 넘는 54.9%는 "경기가 악화될 것 같다"고 답했다.

김정원 중소기업중앙회 소상공인정책실장은 "내수부진과 세월호 참사 여파 등으로 경기 회복이 지연되며 소상공인들이 힘든 시기를 보내고 있다"며 "정책자금 확대 시행 등 소상공인 활력회복을 위한 정책이 시급하다"고 밝혔다.

김창훈기자 chkim@hk.co.kr
(자료원 : 한국일보, 2014.07.31.)

2. 창업 성공을 위한 체크포인트

1) 창업에 적성은 맞는가?

창업을 하고자 하는 사람이라면 누구나 자기 자신에게 '과연 내가 창업을 하기에 적합한 인물인가?' 라는 질문을 던지게 될 것이다. 왜냐하면 창업을 하여 성공할 확률은

10% 미만이기 때문이다. 간혹 봉급생활을 하면서 상사와 의견이 맞지 않다든지, 봉급이 적다든지 어떠한 이유 때문에 다니는 기업에 적응을 하지 못하고 사표를 내고 창업을 하는 경우도 있는데, 이런 사람들은 창업에 대하여 한번쯤은 다시 생각할 필요가 있다. 왜냐하면 맡겨진 일에 성공할 수 없는 사람이 자신의 사업에 성공하는 경우는 매우 드물 것이기 때문이다. 다음 〈표2-1〉의 체크리스트를 통하여 예비창업자로서 갖추어야 할 조건을 구비하였는지 창업적성검사를 실시하여 보자.11)

표 2-1 창업자의 사업가적 자질론 체크리스트

문항	세 부 내 용	적	부
1	모험정신과 스릴을 즐기려 한다		
2	고집을 버리고 융통성 있게 행동한다		
3	지금의 상태에 만족하지 않는다		
4	매사에 집념이 강하다		
5	한 번 시작한 일은 꼭 성사시킨다		
6	현재 계획하고 있는 창업아이템의 자금이 충분하다		
7	현재 계획하고 있는 창업아이템이 성공할 것 같다		
8	건강한 체력과 정력을 소유하고 있다		
9	상하좌우 판단을 통한 의사결정이 훌륭하다		
10	누구에게 기대지 않고 자발적으로 일을 처리한다		
11	스스로 동기유발을 잘하여 침체의 늪에서 헤메지 않는다		
12	책임감과 의무감이 강하다는 소리를 자주 듣는다		
13	낯선 환경에서도 적응력이 높다		
14	독특한 아이디어와 창의력이 좋다고 듣는다		
15	고정관념을 싫어한다		
16	임기응변에 강하다		
17	사업은 큰 고통과 아픔이라고 생각한다		
19	문제해결능력이 뛰어나다		
19	사업시작에 자신감이 있다		
20	현금과 인력 등에 관리능력이 있다		

11) (사)한국창업경영컨설팅협회, 창업적성검사(2003년 11월 7일) 자료임 - 2003년 대한민국 벤처창업대전 (기간: 2003.11.7.~11.10. 장소: 여의도 중소기업전시장)

2) 성공한 기업가의 특성

백퍼센트 사업 성공을 보장하는 기업가의 특성은 존재하지 않는다. 일반적으로 기업가는 동업자 · 협조자 · 관리자들로부터 자신의 약점을 보완할 수 있으며, 특히 성공한 기업가들로부터 바람직한 개인특성을 체득하고 성공비결을 배운다.[12)]

① 높은 사업 몰입도, 결단력, 인내심

성공한 기업가들은 사업에 대한 몰입도가 높고 결단력과 인내심이 강하다고 한다. 특히 많은 벤처캐피탈 회사들은 투자 여부의 결정에 있어 기업가가 얼마나 자신의 시간적·재정적 자원을 실제적으로 투입하고 있는가를 중시한다고 한다.

② 강한 성취욕구와 성장욕구

성공한 기업가들은 스스로 설정한 도전적인 목표를 뛰어넘는 데 주력한다. 그리고 목표가 달성되면 상향조정된 새로운 목표와 기준을 설정하여 계속적으로 도전한다. 따라서 이들은 다른 사람을 능가하는데 주력하기보다는 자신의 과거 실적을 계속하여 뛰어넘기 위하여 노력한다.

③ 기회 및 목표 지향적

현재 보유하고 있는 자원에 근거하여 행동하기보다는 기회를 먼저 포착하고 자원과 전략을 거기에 맞추어 나가려는 기회 지향적 성향이 있다. 그리고 높지만 달성 가능한 목표를 설정하고 거기에 모든 힘을 집중하려 한다.

④ 주도적이고 책임감이 강함

성공한 창업자는 주도적으로 문제를 탐색하고 해결책을 제시하려 한다. 그리고 일의 결과에 대해 스스로 책임지려 한다. 시험이 성공하면 종업원들 덕분이고 실패하면 내 탓이라는 진정한 사업가도 의외로 많다.

⑤ 끈질긴 문제해결 노력

성공한 창업자는 하고자 하는 일에 장애요인들이 나타날 경우 이를 극복하려는 욕구가 강하며 문제해결을 위해 끈기 있게 노력한다. 이에 따라 인내심이 강한 편이나, 불가능하다고 판단되는 일에 대하여는 단념도 빠르다.

---

12) 홍성도, 벤처기업론, 학문사(2000), 90~92; J. Timmons, L. E. Smoller and A. D.ngee Jr., New Venture Creation, (Irwin, Homewood, Ill., 1985)

⑥ 낙관적 현실주의와 유머감각

외부환경 및 자신의 강·약점 등에 관한 냉철한 판단을 중시하는 등 매우 현실적이면서도 매사를 긍정적으로 보는 낙관적 자세를 견지한다. 어려운 여건에서도 유머를 잃지 않는 등 정신적 여유를 갖고 있는 경우가 많다.

⑦ 피드백의 활용

피드백을 효과적으로 활용함으로써 자신의 잘못을 신속하게 파악하고 잘못된 부분을 재빨리 수정한다. 유능한 기업가들은 대부분 남의 이야기를 잘 청취하고, 학습능력이 뛰어난 편이며, 아웃소싱에 능하다.

⑧ 계산된 위험감수와 위험의 공유

뛰어난 기업가는 도박사가 아니다. 그들은 미리 세심하게 계산을 한 후 결정을 내리며 공동투자 또는 동업을 통해 곧잘 위험을 공유하려 한다. 회사의 이익을 위해서는 경쟁자와의 인수합병도 마다하지 않는 사례가 많이 늘고 있다.

⑨ 지위와 권력에 대한 낮은 욕구

권력욕구보다는 성취 욕구에 의해 행동한다. 지위나 권력은 성공의 결과 주어지는 것이지 처음부터 이것을 얻기 위해 노력하지는 않는다. 이에 따라 유능한 기업가는 독재자보다는 중재자 또는 협력자의 역할을 수행한다.

⑩ 정직과 신뢰

정직과 신뢰가 없이 달성한 일시적 성공은 궁극적으로 실패한다는 신념으로 장기적 관점에서 인간관계를 유지하고 사업 활동을 한다.

⑪ 결단력 · 실천력 · 인내심

신속하게 움직여야 하는 일에 대하여는 빠른 결정을 내리고 곧바로 실천에 들어간다. 그러나 그 일이 장기적으로 진행되어야 하거나 일의 결과가 장기적으로 나타나는 경우 인내심을 가지고 기다린다.

⑫ 실패에 관한 적절한 관리

실패에 실망하지 않고 두려워하지 않는다. 오히려 실패를 통하여 배우려는 자세가 강하다. 비관적 상황에서 낙관을 발견하고 위기 속에서 기회를 발견하는 지혜를 발휘한다.

⑬ 팀 빌더이자 영웅 메이커

유능한 기업가는 독불장군으로 일하기보다는 열의에 가득 찬 팀을 만들어 공동으로 일을 추진한다. 또한 자기 혼자 영웅이 되기보다는 관리자들을 영웅으로 만들기 위해 적절한 동기부여를 한다. 아울러 뛰어난 기업가는 성과를 나누어 갖는 데에 관심을 두기보다는 성과 자체를 키우는데 주력한다.

표 2-2 창업자의 경영자적 자질론 체크리스트

문항	세 부 내 용	적	부
1	무작정 일을 추진하기보다는 계획적인 편이다		
2	내게 필요한 정보의 원천이 어디에 있는지 잘 알고 있다		
3	숫자계산과 수지타산을 잘 따진다		
4	매사에 적극적이다		
5	실패가 있어도 실망하지 않는다		
6	사소한 것이라도 약속은 잘 지킨다		
7	자신의 철학과 사고를 잘 설명할 수 있다		
8	주변에 친한 친구가 많다		
9	다른 사람의 의견에 귀를 기울인다		
10	고민을 나누고 받아 줄 친지나 친구가 3인 이상이다		
11	도전정신이 강하다		
12	확고한 자기주장이 있다		
13	건강에 자신이 있다		
14	한 가지 일에 몰두한다		
15	가정에 영향이 미치는 결정을 하는데 가족을 설득할 수 있다		
16	공격적이며 적극적인 성격이다		
17	일이 안되어도 집착하여 헤메지 않는다		
19	주변 사람의 억지의견을 잘 들어주고 설득시킬 수 있다		
19	지겨운 모임이나 자리를 잘 견디어낸다		
20	친구의 출세에 배가 아프다		

3) 성공적인 창업전략

창업에 있어서 사업을 성공하려면 다음과 같은 전략을 구사하여야 한다.

① 거시적 기업환경변화를 주목하여야 한다.
② 창업 시기를 잘 포착하여야 한다.
③ 창업자의 자질과 경영능력을 냉철하게 판단하여야 한다.
④ 사업계획을 철저하게 준비하고 타당성을 점검하여야 한다.
⑤ 최적의 창업 아이템(업종과 품목)을 선택하여야 한다.
⑥ 자기자본과 추가자금의 조달능력을 치밀하게 계획하여야 한다.
⑦ 정부 육성산업분야의 창업은 자금 및 세제지원의 혜택이 있다.

표 2-3 예비창업자(경영자)가 갖추어야 할 조건

문항	세 부 내 용	적	부
1	건강하며 체력에 자신이 있는가?		
2	왕성한 연구심과 탐구심(호기심)을 가지고 있는가?		
3	유연성과 순발력을 갖추고 있는가?		
4	실행력과 결단력은 있는가?		
5	자기주장 및 자기표현 능력은 있는가?		
6	일에 대한 적극성을 가지고 있는가?		
7	끊임없는 노력과 창조력을 갖추고 있는가?		
8	「개점 · 창업」은 자기목표 실현과 직결된다고 생각하는가?		
9	정보수집을 게을리 하지 않고 있는가?		
10	숫자에 대한 감각을 가지고 있는가?		
11	감정에 휘말리지 않고 계획적으로 사물을 선택하는가?		
12	동료나 지인의 출세가 신경에 거슬리는가?		
13	남보다 강한 인내심을 가진 소유자인가?		
14	자신과의 다른 의견에도 신중하게 귀를 기울이는가?		
15	의욕 기업(起業) 마인드를 가지고 있는가?		
16	셀러리맨 감각을 지금 당장 버릴 수 있는가?		
17	좋아하는 일이라면 먹고 자는 것조차 건너뛰는 성격의 소유자인가?		
19	10년 후를 내다본 인생설계를 하고 있는가?		
19	시대의 변화와 환경의 변화를 읽을 수 있는 능력을 갖추고 있는가?		
20	급할 때 의지할 수 있는 친구 3명 정도는 있는가?		

4) 사업성공의 비결

한국표준협회에서 실시한 「창업 및 재테크 가이드 실무과정」에서 창업에 실패한 경험이 있는 수강생들이 모여 한 달간 자신들의 경험을 바탕으로 실패의 원인과 재기의 비결을 case study식으로 연구한 뒤 내린 결론은 크게 다음 세 가지다.

첫째, 사업 성공에는 건강과 화목한 가정이 최우선이다. 가화만사성(家和萬事成) 이라는 말이 있듯 사업도 가정이 화목해야 성공할 수 있다.

둘째, 분수에 맞는 목표를 세우고 보수적으로 경영하여야 한다. 특히 창업 후 5년에서 10년 사이는 사업이 넘어질 확률이 가장 많을 때인데 이럴 때일수록 무리한 자금운용을 삼가하고 보수적인 경영을 해야 한다는 것이다. 당장 자금이 어렵다고 고리채에 손을 대거나 백지어음, 융통어음에 빠지게 되면 거의 사업이 넘어지게 된다는 것이다.

셋째, 결정할 때 독단적으로 하지 말고 참모나 부하의 말에 귀를 기울여야한다. 다만 그 사람들이 자신을 배반할 수도 있다는 생각은 해봐야 한다. 특히 사업이 커질수록 참모의 행동에 주목해야 한다.

□ 도산징조 10선(選)

① 부채규모가 최근 3개월분 매출을 상회할 때
② 유능한 사원이 뚜렷한 이유 없이 퇴사할 때
③ 그 회사는 위험하다는 소문이 나돌 때
④ 신제품이 팔리지 않을 때
⑤ 부부사이가 나빠졌을 때
⑥ 가족·종업원의 웃는 얼굴이 사라졌을 때
⑦ 고리채에 손을 내밀어야할 때
⑧ 무리한 자금계획을 은행에 제출할 때
⑨ 경영자가 자기 혼자 거래를 시작할 때
⑩ 경영자가 지나치게 노는 데 빠졌을 때

□ 도산방지 10계명

① 가까운 사람(아내, 친구, 직원)의 충고와 의견을 들어라
② 교활한 사람은 어디에나 있음을 명심해라
③ 창업 후 5년에서 10년 사이를 주의하라
④ 2대째는 무리한 사업 확장을 삼가라
⑤ 도산에 이르는 것은 모두 경영노력 부족이다

⑥ 경영자다운 태도를 가져라
⑦ 명예직 갖는 것은 회사가 안정된 뒤에야 가능하다
⑧ 경기가 좋을 때 저축하라
⑨ 가정을 지켜야 회사도 지킬 수 있다
⑩ 호인은 장사에 서투른 사람의 대명사다

□ 재기 성공 10계명

① 반드시 목표를 설정하라
② 성실은 최대의 무기이다
③ 선입견에 사로잡히지 말라
④ 생활환경과 인간관계를 변화시켜라
⑤ 훌륭한 참모를 두라
⑥ 손과 발을 쓰고 땀을 흘려라
⑦ 이등병이 된 셈치고 일하라
⑧ 건강을 유지하라
⑨ 최신정보에 민감하라
⑩ 자신은 성공할 수 있다고 스스로 확신하라

5) 창업계획의 점검

(1) 창업계획의 중요 포인트

창업계획에서 특히 중요한 포인트는 ① 개념(concept), ② 예산(budget), ③ 인재다.

미용경영의 개념은 미용기업의 등뼈에 해당하는 부분으로 고객에 대해서 제공하여야 할 서비스의 방향성을 결정하는 것이다.

예산에 관해서는 '모든 경영활동이 돈이다.' 라는 사실을 명심하여야 한다. 사전에 재는 것을 예산이라고 한다. 그 예산에 덧붙여 '무엇을 할 것인가?'를 생각하는 것이 계획이다.

인재의 중요성에 관해서는 새삼스럽게 지적할 필요가 없다. 기업을 이끌어가는 것이 사람이기 때문이다. 특히 종업원을 인적자원(human resources)으로 인식하고 인재 육성을 게을리 하면 경영에 성공할 수 없다.

체크리스트의 점검사항 기록란에는 현재 진척사항에 대한 내용(만족도, 보충사항, 미비사항 등)을 자세하게 기록하여야 한다.

표 2-4 창업계획 체크리스트

체 크 포 인 트	점 검 사 항 기 록	확 인
미용기업의 개념은 확립되어 있는가?		
고객 타겟은 압축되어 있는가?		
고객 타겟은 입지조건에 적합한가?		
경쟁기업에 대한 조사는 완전한가?		
매월 고정비의 견적은 얼마인가?		
매월 순익분기점의 매출액은 얼마인가?		
계절지수에 근거한 매출계획을 세우고 있는가?		
점포설계는 완전한가?		
연간 판매촉진계획은 세우고 있는가?		
메뉴 내용은 지역에 적합했는가?		
상품의 선정, 구입처 확보는 완전한가?		
인재의 육성은 완전한가?		

(2) 세부점검사항

창업계획을 수립하였으면 창업을 진행하는 동안 경영과 관련된 내용에 대해서는 사소한 것까지도 하나하나 꼼꼼하게 체크하여 영업에 차질이 없도록 하여야 한다.

목적에 적합한 물건 탐색	…	이미지도 중요하지만 입지조건, 건물구조 전기용량, 동력전기용량, 배급수설치위치, 내장공사규제,소방관계등의 체크도 중요한 포인트이다.
↓		
개성 있는 기업 만들기	…	경영방침을 명확하게 하는 것으로서 미용실의 '얼굴'을 확실하게 할 수 있다. 미용실의 세일즈 포인트는 타점에 없는 특징을 갖도록 하는 것이 중요하다.
↓		
빈틈없는 지금계획	…	자금계획이 불확실하면 필히 도중에 좌절한다. 은행 등에서 차입하는 경우에는 창구에 문의하여 여러 가지 필요한 서류가 있으므로 이것을 모두 제출한다.
↓		
고객행복 점포계획	…	미용실의 개념을 명확하게 정리하여 두는 것이 중요하다. 그리고 청부회사에 의뢰하는 결정을 한다. 디자인 회사, 디자인 시공의 종합회사, 시공만 청부맡는 회사 등 각각 장단점이 있다.
↓		
우수한 인재확보	…	우수한 인재는 확실하게 고용관계와 제도를 만족시키지 않으면 모집하기 어려운 환경이다. 미리 채용조건을 문서화하여 고용계약을 맺어 둘 필요가 있다.
↓		
공사는 체크 또 체크	…	공사는 시공측과의 신뢰관계가 포인트이다. 신뢰관계가 좋으면 소소하게 무리한 부탁을 하여도 만족하게 이행하여 준다. 맡겨서 실패하면 문제다. 특히 설비 관련은 틀림없이 확인해 둔다.
↓		
수속은 빨리	…	구청, 협회, 세무서 등 관공서와 유관기관에 제출하여 수속을 미리 받는다.
↓		
광고는 센스있게	…	오픈을 알리는 선전 광고를 만드는 것은 살로의 방침에 의한다. 오픈 캠페인, 미용실의 컨셉을 알리고 요금체계의 명확화, 오리지널메뉴 등을 고려한다.

그림 2-3 체크포인트별 점검세부사항

3. 사업성분석과 사업계획서

1) 사업성분석의 의의와 유용성

(1) 사업성분석의 의의

사업성분석은 창업사업뿐만 아니라 기존기업에서 신규사업에 대한 경제성(수익성)을 검토하는 중요한 활동 중의 하나로 '고려하고 있는 사업 아이디어를 실현할 수 있는 기업을 설립한다면 어느 정도의 이익을 실현할 수 있을 것인가'를 조사하는 활동이라고 정의할 수 있다.

사업성분석과 유사한 표현으로 경제성분석(economic analysis), 타당성분석(feasibility analysis) 혹은 타당성조사(feasibility study) 등이 있다.

□ 경제성분석(economic analysis)

경제성분석이나 사업성분석이라는 표현은 프로젝트의 상업적 유익성을 조사하는 경우를 지칭하는 데 주로 사용된다. 그러므로 창업프로젝트의 수익성분석을 창업프로젝트의 사업성분석 또는 경제성분석이라고 할 수 있다.

□ 타당성분석(feasibility analysis)

타당성분석은 프로젝트의 수익성뿐만 아니라 공익성에 대한 분석까지를 포함하는 경우에 쓰인다. 예를 들면, 고속철도건설의 타당성조사에서는 상업적 손익뿐 만 아니라 공익적인 측면의 득실까지도 고려해야 하므로 고속철도건설프로젝트의 사업성분석이라고 하기 보다는 타당성조사 또는 타당성분석이라고 하는 것이 옳다.

(2) 사업성분석의 유용성

사업 시행에 앞서 반드시 사업의 성패가능성에 대하여 체계적이고 면밀한 사업성분석을 해야 한다. 사업성분석은 다음과 같은 점에서 유용하다.

① 사업의 형성요소 파악에 도움

체계적인 사업성분석은 고려하는 사업의 형성요소를 정확하게 파악하게 하는 데 도움을 준다. 체계적인 사업성분석은 이들 요소들을 파악하는 과정을 포함하므로 사업성분석은 이들 필요 요소와 활동을 파악하게 한다.

② **사업계획에 도움이 된다.**

체계적인 사업성분석을 통하여 가장 유리한 조건을 탐색하게 되므로 사업성분석은 설립되는 사업이 어떠한 조건하에서 가장 유리하게 운영 될 수 있겠는가를 파악하는 데 도움을 준다.

③ **경영능력 향상 도모**

체계적인 사업성분석에 참여한 창업자는 기업의 경영능력을 향상시킬 수 있다. 사업성분석 과정을 통하여 기업의 경영상의 여러 문제점을 사전에 검토하고 이해하게 되어 심각한 경영상의 오류를 예방할 수 있어 경영능력을 향상시킬 수 있다.

2) 사업성분석 절차

소점포 사업에 대한 사업성분석은 업종 선택, 예비조사, 입지선정과 상권분석, 점포계획과 소요자금(자본) 추정 및 재무분석 등의 절차를 거치게 된다.

그림 2-4 소점포 사업의 사업성분석 절차

① 업종 선택

업종 선택이란 무슨 사업을 할 것인가를 결정하는 일이다. 유망한 업종을 발견하려면 자신의 경험과 지식뿐만 아니라 주위 사람들의 도움도 필요하다.

② 예비조사

예비조사라 함은 선정된 업종에 대하여 상세한 사업성분석을 실시하기 전에 먼저 손쉽게 얻을 수 있는 자료, 예를 들면 주위 사람들과의 면담 등을 통하여 사업의 타당성을 조사해 보는 것을 말한다.

※ 예비조사 항목

· 소요 자금(자본)은 어느 정도인가?
· 필요한 전문 지식은 무엇인가?
· 앞으로의 전망(성장가능성)은 어떤가?
· 법적인 제한(규제)은 없는가?

③ 입지선정과 상권분석

입지선정이란 점포가 위치 할 곳을 정하는 일이며, 상권분석이란 고객이 분포된 지리적 범위를 파악하고 그 특성을 조사하는 일이다. 입지가 선정되면 상권이 개략적이나마 결정된다. 점포의 입지는 점포를 중심으로 형성될 상권을 고려하여 선정되어야 한다. 입지선정과 상권분석은 동전의 양면과도 같이 불가분의 관계에 있다.

④ 점포계획과 소요자본 추정

점포계획에서는 점포의 임대(또는 매입, 건축)와 내부설비에 대한 계획 및 취급할 상품에 대한 계획을 포함한다. 점포계획의 결과에 따라 소요자본을 추정하게 된다.

⑤ 재무분석

재무분석에서는 상권분석과 점포계획에 따라 발생할 사업의 수익성에 대하여 검토한다. 수익성을 구하기 위해서는 매출을 통한 수익과 수익을 얻기 위하여 들어가는 비용을 따져야 한다. 이를 위해서 필요한 것이 추정손익계산서와 추정대차대조표다.

⑥ 사업계획 수립

사업성분석의 결과가 긍정적이면 구체적인 사업계획을 수립한다. 사업계획은 사업추진에 필요한 모든 방법과 수단을 전략적으로 표현하여 사업성공의 길잡이가 되도록 수립하여야 한다.

⑦ 사업추진

사업계획에 따라 사업을 추진하는 단계다. 사업을 효율적으로 추진하기 위해서는 기본적으로 경영일반에 관한 지식을 갖고 있어야 한다.

3) 미용기업의 창업 흐름

미용기업의 창업이란 창업자가 이익을 창출하기 위해 자본(장사밑천)을 이용하여 미용(헤어, 피부미용관리, 메이크업, 네일아트 등)이라는 사업 아이디어를 바탕으로 미용서비스를 생산 · 판매하는 조직체(기업)를 설립하는 행위를 말한다. 대부분의 미용기업(미용실, 피부관리실 등)은 소규모 점포로 영업을 해야 하는 소점포 창업에 해당한다고 할 수 있다.

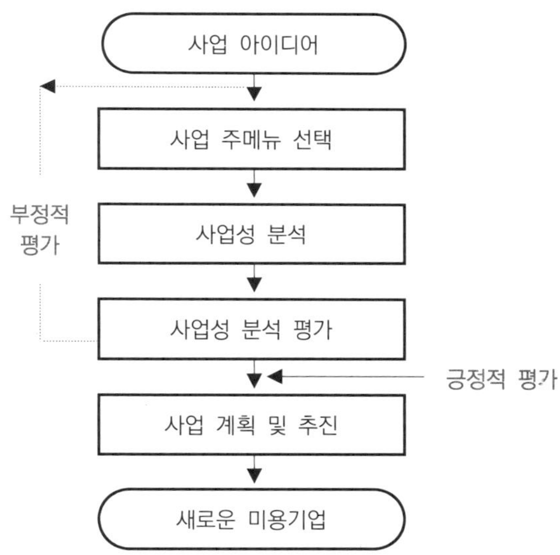

그림 2-5 미용기업의 창업 흐름도

미용창업에 필요한 3요소는 창업자(인적요소), 사업아이디어(헤어, 피부관리, 메이크업, 네일아트 등), 자본(장사밑천)이다. 창업에 필요한 요소들을 어떻게 유기적으로 조직하여 사업(경영)목표를 달성하느냐?'가 미용기업 창업의 성패를 좌우하게 되는데, 미용기업의 창업과 관련한 단계별 추진 업무는 다음과 같다.

□ **계획단계**

① 아이템의 선정	② 사업형태의 결정
③ 운영형태의 결정	④ 규모의 결정(인원, 면적, 자금 등)
⑤ 입지의 선정	⑥ 사업계획서 작성

□ **준비단계**

① 자금의 확보	② 점포의 계약
③ 상권분석	④ 사업계획서 작성
⑤ 인테리어의 계약과 공사	⑥ CI(상호 및 상표의 로고 선정)
⑦ 가운, 유니폼 주문	⑧ 인사조직(채용, 배치, 급여, 근무조건 등)
⑨ 광고·판촉 기획과 발주	⑩ 기구, 비품의 구입
⑪ 재료, 상품, 소품의 구입	⑫ 각종 서식의 결정과 인쇄
⑬ 운영관리 매뉴얼 마련	

□ **개점단계**

① 개업 안내장 발송	② 점포 등록 신고(구청)
③ 사업자 신고(20일 이내)	④ 개업 전 교육훈련
⑤ 인테리어 및 시설 점검	⑥ 재료 및 상품의 점검
⑦ 모의 운영	⑧ 개업 이벤트 행사
⑨ 기념품 준비	⑩ 접대준비
⑪ 개업식	⑫ 개업 후 경영 점검

4) 사업계획서의 의의와 필요성

(1) 사업계획서의 의의

사업성을 분석하였으면 사업 추진에 필요한 모든 수단과 방법을 구체적이고도 상세하게 표현하는 보고서를 작성하여야 하는데, 이를 사업계획 혹은 사업계획서(Business Plan)라 한다. 사업계획서란 고려하고 있는 사업을 하기 위해 앞으로 실행할 일련의 활동에 대한 계획으로 사업계획서를 작성할 적에는 사업성분석에서 수집했던 자료와 정보를 많이 이용하게 된다.

① 사업계획서는 사업의 실현을 위한 행동계획서이다.

아무리 좋은 사업이라 하더라도 그 실행계획을 잘 짜지 못하면 성공하기 어렵다. 또 아무리 짜임새 있는 계획을 구상하였다 하더라도 그것이 사업계획서에 잘 표현되지 못하면 관계자로부터 그 사업성의 실현가능성이나 우월성을 인정받지 못하게 된다.

② 사업계획서는 창업자 자신을 위한 것이다.

사업계획서를 '타인에게 보이기 위한 것' 혹은 '실제 내용보다는 형식을 위한 것'으로 생각하는 소극적인 태도는 버려야 한다. 간혹 사업계획서를 자금 동원이나 동업자를 구할 목적으로 작성하여 관계기관에 제출하는 경우가 있는데, 이 경우에도 남을 위한 것이 아니고 자신을 위한 행위라는 점을 명심해야 한다.

③ 사업계획은 문서화하는 것이 좋다.

머리 속에 작성한 사업계획만으로는 사업을 성공시키기가 어렵다. 또 아무리 간단해 보이는 사업이라 하더라도 계획을 세우지 아니하고 즉흥적으로 행동하면 성공하기 어렵다. 창업자 단독으로 사업을 추진하는 경우에도 반드시 사업계획서를 작성하는 것이 좋다.

(2) 사업계획서의 필요성

가. 창업자의 입장에서의 필요성

① 사업의 성공가능성을 타진하기 위하여

사업계획서를 작성하는 과정에서 사업의 문제점을 발견하는 경우가 많다. 사업성분석을 별도로 실시하지 않는 경우에는 사업계획서를 작성하는 과정에서 사업성을 검토하게 된다.

② 의사소통수단 및 설득자료로서

사업계획서는 창업에 참여할 투자자, 동업자, 간부들과 의사를 교환할 때 중요한 보조 자료가 된다. 구상중인 사업을 말로 하는 것보다 짜임새 있고 가시적인 사업계획서야말로 주변 사람들의 마음을 움직일 수 있는 좋은 수단이다.

③ 계획적 사업수행을 위한 행동지침으로서

사업계획서는 창업 초기의 업무추진계획이다. 일단 사업이 시작되면 처리해야 할 업무가 의외로 많은 것이 보통이다. 따라서 여러 가지 대안들을 비교·검토하고 세부계획을 수립하는 데 시간이 없으므로 사업계획서는 계획적인 사업수행의 유용한 행동지침이 된다.

④ **신뢰성확보를 통한 경영효율 극대화를 위하여**

이미 충분한 사업성분석을 통하여 검증을 받은 사업계획서는 투자자, 동업자 및 임·직원에게 보다 신뢰할 수 있는 근거자료가 된다. 다양한 분석기법을 통하여 수립한 사업계획서는 경영을 효율적으로 수행하기 위한 필요조건이기도 한다.

나. 투자자의 입장에서의 필요성

① **투자사업의 타당성을 판단하기 위하여**

사업계획서는 투자자가 투자에 관한 의사결정을 하는 데 사용하는 가장 기본적인 자료다. 사업계획서를 통하여 어느 정도의 가능성을 시사해야 투자자의 관심을 불러 일으키게 되고, 투자자의 관심을 불러 일으켜야 투자자를 만날 수 있고, 투자자를 만나야 사업을 논의할 수 있을 것이다. 이처럼 사업계획서는 투자자가 사업을 평가할 수 있는 기초자료가 된다.

② **창업자와 경영진의 능력을 평가하기 위하여**

투자자들이 사업계획서를 통하여 가장 관심을 가지는 사항은 '창업자와 경영진이 계획된 사업을 성공시킬 능력을 가졌는가?' 다. 투자자들은 사업계획서에 나타난 여러 가지 내용(업계동향, 시장추이, 경쟁상태, 사업의 독창성, 소요자금, 대상기업의 현재 재무상태 등)에 대하여 사실 확인 및 사업의 타당성을 평가할 것이고, 평가결과에 따라 투자 여부를 결정하게 될 것이다.

※ 사업계획서는 왜 작성하는가?

㉮ 창업계획의 구체화 수단
㉯ 자금조달 목적 : 투자자 유치, 은행자금 대출
㉰ 공장설립 인·허가 목적

5) 사업계획서 작성

미용기업의 창업에 따른 사업계획서 작성은 사업에 연계된 제반사항 즉, 미용시장의 구조적 특성, 고객의 성격, 시장 확보의 가능성과 전략, 적정 투자규모, 자금 조달계획, 영업계획, 인적자원 수급계획 등 일련의 사항을 객관적 관점에서 체계적으로 묘사하는 매우 중요한 자료다.

(1) 사업계획서 작성원칙

사업계획서는 창업자 자신의 사업을 성공하기 위한 것이되 타인과 접촉하는 수단이라는 점에서 사업계획서 작성시 기본적으로 신뢰성, 능력, 창의성을 보여 줄 수 있어야 한다.

① 신뢰성

사업계획서는 이해관계자가 그 내용을 신뢰할 수 있도록 작성되어져야 한다. 이를 위해서는 참고자료, 자료의 출처, 권위 있는 후견인 등을 동원할 수 있어야 한다.

② 능력

창업자 및 경영진은 사업을 성공적으로 경영할 수 있는 능력이 있음을 나타나도록 하여야 한다. 과거의 경력, 학위, 발명특허, 수상경력 등을 밝힐 수도 있다.

③ 독창성

사업계획서는 계획사업이 기존의 다른 사업과 다른 사업임을 설명할 수 있어야 한다. 예를 들면, 특허, 제품의 성능, 경영방법, 표적시장 등에서 기존의 사업과 다른 점을 명시하여야 한다.

(2) 사업계획서 작성시 유의사항

사업계획서는 작성 목적에 따라 그 내용은 약간씩 다를 수 있으나 자신의 사업성공을 위하여 또 사업계획서를 검토하는 상대방으로부터 호감과 신뢰를 얻을 수 있도록 다음과 같은 점에 유의하여야 한다.

① 간단명료하게 서술한다.

계획사업과 그 사업의 잠재력에 대한 서술은 가능한 한 짧게 한다. 투자자의 관심을 끌 수 있는 내용만 사업계획서에 포함시킨다.

② 핵심내용을 부각시킨다.

계획사업의 내용을 지나치게 다양하게 하지 말고, 한두 가지 주요 생산품과 주요 시장으로 관심을 집중시킨다. 신설 기업은 여러 기회를 모두 이용할 능력이 부족함으로 노력을 한정된 대상에 집중하는 것이 좋다.

③ 경영진에 공석을 두지 않는다.

투자자들은 경영진에 대하여 처음부터 확실히 알고 싶어 한다. 실제로 사업의 타당성보다도 경영진의 명망을 보고 투자하는 경우도 흔히 있는 일이다.

④ 제품(서비스) 및 기술성분석 내용에 전문용어를 피하라.

제품(서비스) 및 기술성분석을 할 때 전문적인 용어나 전문가만이 이해할 수 있는 방법을 사용하지 않는다. 투자자는 자신이 이해하지 못하는 사업에 투자하려 들지 않는다.

⑤ 자신감을 가지고 사업계획을 충분하게 표현한다.

근거가 불충분한 내용을 서술하거나 애매한 표현은 하지 않는 것이 좋다. 계획사업을 충분히 성공할 수 있다는 자신감을 가지고 명확하게 서술하여야 투자자들의 관심을 끌 수 있다.

⑥ 실현가능한 자금의 조달 및 운용계획을 밝힌다.

투자자는 실현가능성 있는 사업에 투자하려고 한다. 아무리 좋은 사업아이템이 있다하더라도 적기에 자금을 확보할 수 없다면 그 사업은 그림의 떡이 되고 말 것이다.

⑦ 문제점과 위험요소도 포함시킨다.

대부분의 사람들은 사업체의 경영 전반에 대하여 투명한 것을 좋아한다. 사업계획의 실행과 관련하여 예상되는 문제점이 있으면 이를 솔직히 밝히고 그 개선방안을 제시하도록 한다. 투자자가 문제점을 발견하기 전에 미리 문제점에 대한 대안까지 제시한다면 그 사업계획은 보다 더 많은 신뢰를 받게 될 것이다.

⑧ 필요한 경우에는 외부의 도움을 받아라.

사업계획서를 작성하려면 다소간의 전문지식과 보조 자료가 필요하다. 거래은행, 중소기업진흥청(소상공인 지원센타), 노동부 등을 방문하여 도움을 청하면 의외로 좋은 사업계획서를 손쉽게 작성할 수도 있다.

(3) 사업계획서 작성순서

사업계획서의 목적, 용도 및 그 제출기관에 따라 내용상 차이가 있다. 또한 창업자가 직접 작성하는지 아니면 전문 기관에 의뢰하여 작성하는지에 따라서도 그 내용이 달라질 수 있는데, 일반적인 사업계획서 작성순서를 살펴보면 다음과 같다.

① 사업계획서 작정 목적별 기본방향 설정

사업계획서의 작성 목적은 창업계획을 구체화하기 위한 수단, 자금조달 목적, 공장설립 인·허가 관련 목적 등으로 용도가 다양할 수 있으므로 이들 목적에 맞는 기본

방향을 설정하여야 한다.

② 사업계획서 양식 확인

사업계획서 작성목적이나 제출기관에 따라 소정 양식이 존재하는지 그 여부를 확인한다. 예컨대, 자금조달을 위한 경우라도 자금조달처가 은행, 중기청(소상공인지원센타), 노동부 등에 따라 그 내용에 약간의 차이가 있을 수 있다.

③ 사업계획서 작성계획 수립

대부분의 사업계획서는 정해진 기간 안에 작성할 필요가 있다. 따라서 사업계획서는 누가 작성하든지 간에 일정계획에 따라 작성하게 되는데, 대체로 분야별 전문가(담당자)가 분담해서 작성하는 것이 시간도 절약되고 여러 가지 면에서 좋을 것이다.

④ 참고·첨부 자료 수집

어서 빨리 창업을 해야겠다는 생각에 앞의 세 단계를 거치지 않고 자료 수집부터 하는 경우가 있다. 이렇게 되면 불충분하거나 불필요한 자료로 인하여 재차 자료 수집을 해야 하는 경우가 생기기도 하고, 이에 따른 시간과 경비의 낭비를 가져올 수도 있다. 그러므로 자료 수집은 목적별 사업계획수립이 끝난 후에 실시하여도 결코 늦지 않다.

⑤ 사업계획서 작성

사업계획서 작성 방법에 따라 사업계획을 항복별로 차근차근 구체화시켜 나가면 된다. 앞에서 언급했듯이 먼저 분야별로 담당자가 작성하고, 이를 다시 모아서 조정·통합하면 된다. 그러나 정해진 사업계획서 양식에 따라 순차적으로 작성하기보다는 추정재무제표[13]를 먼저 작성하는 것이 시간 절약에 도움이 된다.

⑥ 사업계획서 검토

일단 작성된 사업계획서는 실현가능성 여부를 다시 검토하여 실현 가능한 사업들을 구체화시켜야 신뢰성을 확보할 수 있다. 특히 수치(數値)가 틀린 것은 없는지 사업은 일관성을 유지하는지에 관심을 기울여야한다.

⑦ 편집 및 제출

'보기 좋은 떡이 먹기도 좋다' 는 말처럼 사업계획서의 내용 못지않게 표지디자인이나 글씨체 등에도 정성을 기울여 제출기관으로부터 좋은 인상을 받도록 노력하여

---

13) 필요한 추정재무제표 : 추정손익계산서, 추정대차대조표, 추정현금흐름표 등

야 한다. 그리고 사업계획서 제출에 앞서 그 내용을 충분히 알고 면접에 임해야한다.

(4) 사업계획서의 내용

가. 사업계획서의 구성

사업계획서는 일정한 양식은 없으나 일반적으로 표지·요약·차례·본문·첨부자료 등으로 구성되어 있다.

① 표지에는 사업의 명칭(부제가 있으면 포함), 작성자 또는 기업의 명칭, 작성일 등을 기록한다.

② 요약에는 사업의 개요(목적 및 추진 동기), 업종과 그 특성, 사업장의 위치 및 차별성, 제품 및 서비스에 대한 설명, 시장성, 소요자본, 손익분기점과 수익성 등에 대하여 1~2 쪽의 길이로 간단·명료하게 기술한다.

③ 차례에는 사업계획의 본문 및 첨부자료에 대한 목록이다.

④ 본문에는 기업(점포)과 창업자, 주주와 경영진, 계획사업, 제품 및 서비스, 시장성과 판매계획, 점포설비계획, 일반관리계획, 재무계획, 위험과 문제점, 일정계획 등을 상세하게 기록한다.

⑤ 첨부자료에는 참고자료, 증빙자료, 기타 보조 자료를 포함시킨다.

나. 사업계획서에 들어갈 내용

① 사업개요

사업개요는 유통이나, 정보, 서비스, 제조까지 사업해야 할 분야를 정확하게 구별하는 것이다. 또 1차적인 사업을 바탕으로 앞으로 사업영역을 확대하고자 할 계획이 있을 때는 이 부문도 포함시켜야 한다.

② 창업자 소개

경력과 특성을 다른 사람들이 한눈에 보고 신뢰를 가질 수 있도록 명확하게 기재한다. 이를 작성하면서 자신의 사업적 적성과 분야를 명확히 해야 한다.

☞ 주소, 생년월일, 간단한 경력

③ 업종과 그 특성

미용기업의 형태 중 주업종 기재, 제공하는 미용기술 및 서비스의 종류 및 제공방법 등을 기술한다.

④ 사업장 위치

점포의 입지와 상권점포 등 점포와 관련된 내용을 꼼꼼히 기재한다.

㉠ 점포입지 : 주소, 지도, 주변 환경을 설명한다.
㉡ 상권의 규모와 추이 : 상권 내의 인구, 인구의 소득수준, 성별, 소비 특성 등과 앞으로의 전망 등을 기술한다.
㉢ 예상되는 경쟁분석 : 예상되는 경쟁미용기업을 파악한다.
㉣ 면적 : 적정 규모의 면적을 결정한다.
㉤ 실내·외 장식 : 인테리어 비용의 효율적인 가격을 계획한다.
㉥ 미용기구 및 재료 : 저렴하게 구입할 수 있는 미용재료상 및 미용업체를 사전에 선정한다. 요즘에는 인터넷을 통한 전자상거래 및 쇼핑몰을 통한 구매를 할 수 있다.

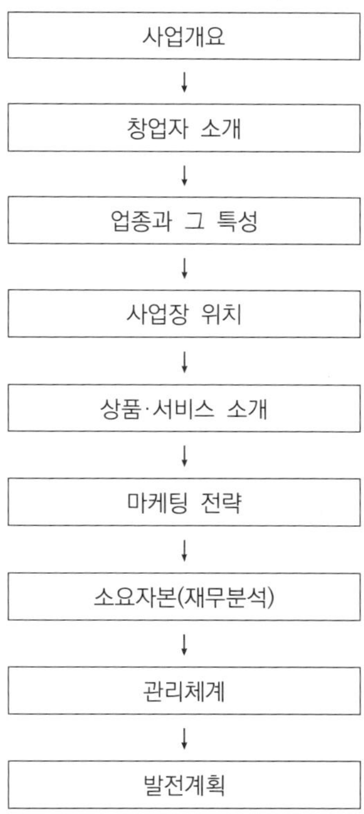

그림 2-6 사업계획서 작성 개념도

⑤ 상품 · 서비스 소개

사업내용을 구체적으로 정리, 소개해야 한다. 미용기업의 경우 판매하고자 하는 것이 바로 미용기술과 접객서비스이다. 그러나 막연히 미용기술과 접객서비스가 아니라 자기가 특성화, 차별화 하려는 미용기술과 서비스를 상세히 제시하여야 한다. 바로 이 부문에서 외부인과 고객을 설득할 수 있을 때 비로소 사업의 성공가능성을 볼 수 있다.

⑥ 마케팅 전략

상품 · 서비스 아이템이 좋다 해도 이를 성공시킬 수 있는 것은 마케팅전략에 달려 있다. 마케팅은 영업과는 차원을 달리 하는 것으로, 누가 고객이고, 현재 시장규모는 얼마이며 가능성은 어떤지, 어떤 방식으로 운영할 것인지 알아보는 것이다. 가장 중요한 것은 미용기업에서 고객에게 제공하려는 미용기술과 서비스를 어떻게 고객에게 효과적으로 전달할 것인지, 고객을 어떻게 개척할 것인지 등을 설명해야 한다.

⑦ 재무분석

미용기업 운영을 위해 투자금액이 얼마나 필요하며 무엇을 해야 하는지 제대로 된 재무계획을 알아보아야 한다. 재무계획(財務計劃)은 크게 두 가지 목적에서 사용되는데 첫째, 최저 투자금액이 얼마인지 파악하는 것이고, 다른 하나는 현금유동성이 얼마나 필요한지 알아보는 일이다. 사업경험이 있다면 재무계획을 어떻게 할 것인지 알 수 있을 것이다.

㉠ 소요자금 추정
- 고정자금 : 임차보증금, 권리금, 인테리어비, 설비, 비품, 전화가입비
- 운영자금 : 임차료, 재료비, 통신비, 사무용품비, 전기료, 수도료, 예비비 등
- 초기자금 : 개업비, 광고비 등

㉡ 매출액 추정 : 월매출액 = 1일 내점 고객수 × 1인 객단가 × 개점 일수

㉢ 추정손익계산서 작성 : 예상 내점 고객수, 원가구성, 월별 매출액 및 일반 관리비 추정치를 기초로 하여 월별 추정 손익계산서를 작성한다.

㉣ 수익성 평가 : 이익과 손실의 평가를 구체적으로 한다.

⑧ 관리체계

기업은 생명력을 가진 것으로 어떻게 구성되며 어떻게 관리 감독할 것인지 무척 중요하다. 만약 사업계획서를 외부인에게 보여주어 투자를 유치할 계획이라면 이 부문에도 상당히 신경을 써야한다.

⑨ 발전계획

사업을 일회성으로 끝낼 것이 아니라면 발전계획을 세워야 한다. 어떻게 꾸준히 미용 상품(서비스)을 개발하고 고객을 확보해 미용기업을 발전시킬 것인가에 대해 최대한 구체적으로 발전계획을 작성해 보는 것이 바람직하다. 또한 경영상태를 평가해 보며 앞으로의 전망과 성장 가능성에 대해서도 조명해 본다.

성공하는 한국인의 7가지 습관과 궁극적인 목표

1. **규칙적인 기상습관을 통한 주도적 실행능력 함양**
   - 규칙적 기상은 성공하는 습관의 첫 출발점
2. **아침 명상 습관을 통한 플러스 사고 능력 함양**
   - 어떤 역경과 실패와 두려움과 고난의 상황 가운데서도 긍정적인 요소를 찾아내고, 내면에 긍정적인 에너지를 불러일으키는 플러스 가고는 우리 삶을 행복과 성공으로 가게 하는 결정적인 역할을 한다.
3. **시간 관리 습관을 통한 목표 중심의 인생 관리 능력 함양**
   - 아주 장기적인 관점에서 인생의 목표가 확립된 후 단기적 시간으 관리하는 것이야말로 시간 관리 습관의 핵심이다.
4. **방대한 독서 습관을 통한 지식 관리 능력 함양**
   - 독서는 가장 확실한 성공의 자양분
5. **꾸준한 운동 습관을 통한 체력 관리 능력 함양**
   - 운동은 7가지 습관의 핵심 엔진
6. **성공 일기 습관을 통한 자기 성찰 능력 함양**
   - 성공일기란 매일 5가지씩 자신이 하루의 삶에서 이루어낸 긍정적인 체험을 기록하는 것
7. **칭찬과 용서 습관을 통한 화고한 인맥 구축 능력 함양**
   - 자신과 남을 용서할 줄 아는 사람은 칭찬에도 인색하지 않다. 칭찬과 용서의 습관은 자기 경영 능력을 극대화하여 사람들과의 관계로 발전시켜 나가는 가장 강력이며 중요한 습관이다

(자료원: 조신영, 성공하는 한국인의 7가지 습관, 한스미디어, 2004)

표 2-5 소점포사업의 사업계획서

□ 표지

□ 요약

□ 차례

- 회사와 창업자(해당되는 경우)
  회 사 : 명칭, 위치, 설립일자
  창업자 : 성명 및 이력

- 주주와 경영진(해당되는 경우)
  임원 및 주요간부
  고문

- 사업의 내용
  취급하려는 상품과 서비스의 종류
  상품과 서비스의 특성

- 입지선정과 상권 분석
  상권분석
  마케팅계획 : 매출액 추정
  판매비 추정

- 점포 계획 및 소요자금 추정
  소요 공간의 크기
  설비와 집기
  상품 구입
  인테리어 비용
  인력 계획
  감가상각계획

- 일반관리계획
  일반관리계획
  인력계획
  집기와 사무기기
  감가상각계획

- 재무분석
  - 소요자금 추정
  - 자금조달계획
  - 추정손익계산서
  - 추정대차대조표
  - 추정현금흐름표
  - 수익성분석

- 위험과 문제점

- 참고자료

창업유망아이템 : 파코메리

뜨거운 여름, 자외선에 노출된 피부를 진정시키고 8월 본격적인 휴가철에 대비해 건강한 피부를 지키기 위해서다.

최근에는 남녀노소를 불문하고 건강과 외모에 대한 관심이 높아지면서 피부관리전문점은 미래형 창업 아이템으로 각광받고 있다. 한국은 외모 지상주의가 강해 미용 관련 서비스는 꾸준히 성장하고 있어 전망은 밝다.

전통적인 뷰티 · 미용 관련 주 소비자인 20~40대 여성들이다. 사회적으로 어린 외모를 지향하는 키덜트 현상과 웰빙 열풍에 따라 피부관리 서비스는 여성들 사이에서 필수다. 이들이 혹서기와 혹한기 등 피부관리 시즌에 주로 업소를 찾는다.

피부관리 전문점은 직원의 실력이 매출을 좌우할 만큼 인력 의존도가 높다. 파코메리는 평생교육원 시스템을 통해 이같은 어려움을 해결해주고 있다.

파코메리는 달라지는 뷰티트렌드에 발맞춰 뷰티스테이를 새롭게 론칭한 것. 뷰티스테이는 파코메리가 야심차게 준비한 명품 이너뷰티 프랜차이즈다.

전문가 상담서비스와 진단, 스킨-두피케어, 홈케어 피부마사지기, 이너뷰티 제품을 구비하고 고객에게 전문적인 뷰티케어 솔루션을 제공하는 획기적인 방식의 가맹사업이다. 특히 가맹점주가 고수익을 올릴 수 있는 수익구조로 설계돼 행복한 상생경영의 모델이라는 게 업계의 중론이다.

박형미 대표는 “뷰티트렌드도 점점 멀티화되는 추세예요. 화장품가게에 들어가서 제품을 구매하고 끝나는 게 아니라 고객 맞춤형 케어서비스까지 받는다면 고객 만족도는 높아질 수밖에 없다"라며 "뷰티스테이를 단순 프랜차이즈업체로 보시면 안돼요. 우선 뷰티스테이 창업을 계획하면 먼저 파코메리와 계약을 맺은 뒤 부설 평생교육원의 뷰티전문가 교육을 수료하게 됩니다. 전문가 교육을 이수하기 때문에 그만큼 리스크가 줄어든다"고 소개했다.

(자료원: 머니S, 2017년 8월 16일)

제 3 장

입지분석과 점포개설

1. 상권과 상권분석

1) 상권의 의의

상권(business district)이란 점포가 고객을 끌어들일 수 있는 한계점을 연결한 선의 안쪽을 가리킨다. 일반적으로 상권이 넓다거나 좁다는 것은 고객의 내점의 용이함(거리, 교통편 등)과 고객에게 주어지는 효용(매력정도)의 크기 등 두 가지 요소의 상대적 관계로 결정되어 진다고 할 수 있다.

미용기업에 대한 매력을 높이면 높일수록 상권이 넓게 설정된다. 상권은 인위적으로 형성되는 것이 아니라 자연적인 흐름에 의하여 형성되며 그 특징은 다음과 같다.

① 상권은 원래 있는 것이 아니라 필요에 의해 설정하는 것이다.
② 상권은 인구구성, 인구밀도, 지역형태. 소득수준, 고객층의 분포 등에 따라 크기와 형태가 결정된다.
③ 상권은 가장 경제적이고 합리적이고 관리할 수 있는 영업의 활동 범위다.
④ 소매점의 영업범위는 거리적으로 한계가 있다.
⑤ 소매점의 영업범위는 각 상점이 가지고 있는 입지조건에 따라 다르다.
⑥ 소매점 상권은 상품과 서비스의 종류에 따라 다르다.

2) 상권의 분류

상권을 분류하는 방법은 여러 가지가 있다. 매출구성비 중 의존도의 정도에 따른 '경험적인 상권의 설정 방법'에 따라 1차 상권, 2차 상권 및 3차 상권으로 구분할 수 있다.

표 3-1 미용기업의 상권 분류

구 분	상 권 범 위
1차상권	미용기업의 매출·고객수의 60%이상 점유하는 고객의 거주 범위
2차상권	1차 상권 외곽지역 중 매출 또는 고객수의 30%이상 점유하는 고객의 거주 범위
3차상권	2차 상권 외곽지역 중 매출 또는 고객수의 5%이상 점유하는 고객의 거주 범위

(1) 1차 상권

1차 상권은 상점 고객의 60~70%가 거주하는 상권 범위를 말하는데, 고객들이 다른 상권의 고객들보다 상점에 가장 근접해 있으며, 고객 수나 고객 1인당 판매액이 가장 높은 지역이다. 편의품은 500m 이내가 되며, 선매품은 버스나 승용차로 15분~30분 걸리는 지역이 된다.

(2) 2차 상권

2차 상권은 상점 고객의 15~25%가 거주하는 상권 범위로서 1차 상권의 외곽에 위치하며 고객의 분산도가 아주 높다. 편의품은 2차 상권 지역에서 약간의 고객밖에 흡인하지 못하지만 선매품은 크게 보면 편의품의 2차 상권까지 1차 상권일 수 있다. 선매품의 2차 상권은 버스나 승용차로 30분~60분 걸리는 지역이 된다.

(3) 3차 상권

3차 상권은 1,2차 상권에 포함되는 고객이 이외의 나머지 고객들이 거주하는 상권 범위로 고객들의 거주 지역은 매우 분산되어 있다. 편의품 고객들은 거의 존재하지 않으며, 선매품이나 전문품을 취급하는 점포의 고객들이 5~10% 거주한다.

2. 입지분석의 의의와 중요성

1) 입지분석의 의의

점포를 개설하고자 하는 지역이 선정되고 나면 입지 문제가 중요한 요인으로 대두된다. 입지란 경영활동이 이루어지는 장소를 말하고, 입지선정이란 특정 지역 내에서 특정 상점의 입지를 선정하기 위하여 행하는 조사 작업을 말한다.

입지는 개별 점포의 입장에서 보면 상점을 개설하기 위한 입지조건이 되지만 소비자의 입장에서 보면 상품이나 서비스를 구매할 수 있는 구매 지점이 된다. 이 때문에 소매업, 외식업, 미용업, 유흥오락산업 등은 입지산업으로 불리어지며 특정 지점에서의 입지선정은 사업의 성공과 실패를 좌우하는 가장 중요한 전략적 과제다.

□ **매출액에 영향을 미치는 입지 요인**

- 버스 정류장 앞에 동일한 업종의 두 개 상점이 위치하고 있었는데도 소비자들의 이동방향에 따라 매출액이 크게 다르다.
- 지하철 승강장의 구조가 중앙에서 전철을 타도록 설계되어 있는 곳과 양쪽으로 나뉘어 타도록 설계되어 있는 곳의 점포 위치와 매출액이 다르다.
- 주요 통행로의 변화, 횡단보도의 설치와 소멸, 지하도의 등장 등으로 사람들의 유 동선에 변화가 발생하면서 상권의 흥망성쇠를 가져온다.
- 같은 지역 내에서 차도를 가운데 두고 마주하는 상점이 있다고 가정했을 때 음지와 양지의 차이, 출근방향, 유동인구의 양과 질적인 차이가 두 상점 간의 매출액 격차를 크게 벌인다.

2) 입지분석의 중요성

입지선정은 판매액에 절대적인 영향을 미치기 때문에 점포 창업과 경영에 가장 중요한 1차 요인에 해당한다. 이러한 요인은 보통 입지조건으로 규정되는데, 입지조건이란 소비형태, 소비심리, 주 고객층, 고객의 취향 등이 창업자의 사업 형태와 규모, 경험, 능력에 알맞은 장소를 말한다.

미용기업에서 입지선정이 중요한 이유는 미용업은 60~ 70%가 장소의 선택에 의해 성공 여부가 결정되는 입지산업이기 때문이다. 따라서 미용기업과 같은 소규모 사업자는 관심 있는 지역의 유동인구의 성격을 파악하는 것도 중요하지만 상점의 위치가 가지고 있는 기본적인 특성을 파악하는 것이 무엇보다 중요하다.

□ **입지선정에 따른 유의사항**

① 그 입지가 가지는 판매력(현재 및 미래의 잠재 판매량의 예측도 포함)
② 자기 점포 취급 상품(서비스)에 대한 소비자의 구매 관습
③ 예상 고객의 시간대별 통행량, 통행인의 속성과 분포
- 유동인구의 전체규모, 연령대별, 성별 분포
- 유동인구 조사표 작성
- 조사를 실시해야 할 시간대는 크게 세 번

• 점심식사시간대(12-1시)
• 주부들의 이동이 활발한 시간(오후 4-5시)
• 직장인들의 퇴근 및 저녁식사(저녁7-8시)

④ 경쟁 점포 및 기타 상점과의 입지상의 관계
⑤ 교통의 편리성
- 상점까지 대중교통수단에 의한 이동시간
- 거주지로부터 상점까지의 거리
- 교통기관의 혼잡과 시간대 및 요일별 변화
- 주차 장소의 유무
- 상점가의 블럭상 위치
- 도로의 폭, 비탈, 막다른 골목길의 여부
- 상가의 좌·우측 건물 여부 등
⑥ 투자 자본의 회수 전망
⑦ 이 외에 특별히 고려해야 할 조건
- 공해의 유무
- 병원, 호텔 및 차고 등과 같은 성질이 다른 시설에의 접근 정도
- 보도 정비의 정도
- 근처의 고립화와 황폐화 등
⑧ 특별히 유리한 조건의 유무

빅데이터에서 찾아라

※ "빅데이터 생태계 활성화" 팔 걷은 SK텔레콤
빅데이터 허브 이용 1만1000건 돌파… 소상공인-스타트업 활용할 자료 늘어
택시앱 등 새 서비스 모델도 개발중
'서울에서 중국집을 내려면 강남구 종로구, 치킨집을 내려면 강북구와 도봉구.'

발로 뛰어서 상권을 분석하던 시대는 지났다. 빅데이터를 활용해 지역별 선호 음식만 먼저 파악해도 반은 해결하고 들어갈 수 있다. SK텔레콤의 국내 첫 민간 빅데이터 개방 사례인 '빅데이터 허브(www.bigdatahub.co.kr)'는 예비 자영업자들에게는 필수적으로 거쳐야 하는 사이트가 됐다.

SK텔레콤은 빅데이터 허브의 데이터 이용 신청 건수가 지난달 말 기준으로 1만1000건을 넘어섰다고 2일 밝혔다. 빅데이터 허브는 2013년 10월에 개방했다. 당시 10건이었던 데이터는 현재 867건으로 늘었다.

'배달업종 이용분석', '치킨집 이용분석'처럼 소상공인이 활용할 수 있는 데이터가 특히 많은 관심을 받은 것으로 나타났다. SK텔레콤 관계자는 "예비 창업자들은 상권 분석에 빅데이터 분석 자료를 적극 활용할 수 있다"고 설명했다. 빅데이터 허브 홈페이지에서 배달업종 이용분석 항목을 이용하면 해당 월의 날짜, 요일, 지역에 따라 특히 주문이 몰리는 배달음식도 알아볼 수 있다.

SK텔레콤은 협력 스타트업을 대상으로 빅데이터 공유도 활발히 하고 있다. 최근 장애인용 휠체어 내비게이션 애플리케이션(앱)을 개발한 스타트업 인에이블도 SK텔레콤의 빅데이터를 활용했다. 인에이블은 유동인구 데이터를 활용해 전동휠체어가 인구 밀집 지역은 우회하도록 경로를 설정해 앱 활용도를 높였다.

SK텔레콤은 빅데이터 허브를 관련 산업의 기반 플랫폼으로 발전시킨다는 전략이다. 빅데이터가 기존 산업 분야와 활발하게 결합하는 과정에서 새로운 사업 협력모델도 만들 수 있을 것으로 기대하고 있다.

빅데이터를 바탕으로 새로운 서비스 모델도 개발 중이다. 자사의 위치 기반 빅데이터를 활용해 택시산업 종사자들에게 추천 노선 등을 제안하는 이른바 인공지능(AI) 택시 앱이 대표적이다. 콜택시를 찾는 수요가 많아지는 지역, 요일, 날씨 등을 종합 분석해 택시가 어디로 가야 손님을 찾을 수 있는지 분석해 주는 도구다.

국내 1위 이동통신사인 SK텔레콤에 쌓이는 데이터 양은 하루 250TB(테라바이트)에 달한다. 매일 약 13만 편의 영화가 저장되는 셈이다. SK텔레콤 관계자는 "민감한 개인정보를 모으지 않고, 유용한 빅데이터만 수집하는 연구를 진행 중"이라며 "연구 성과에 따라 공개할 수 있는 빅데이터도 늘어날 것"이라고 전망했다.

(자료원 : 동아일보, 2017. 7. 3.)

3. 점포개설조사 및 점포선택

1) 점포개설조사

점포개설조사란 점포 개설을 위한 후보지역을 선정하거나 입지조건 등을 검토할 때 그에 필요한 정보 수집 및 분석 절차를 말한다.

먼저 입점 후보지역을 선정한 다음, 상점의 위치와 크기(평수), 점포 전면의 구조, 출입구 사용상의 문제점 등 세부적인 사항을 면밀하게 검토해야 한다.

□ 좋은 입지의 조건

① 이미 상권이 형성되어 있는 번영하는 상가
② 역세권 등 유동인구가 많은 곳
③ 고객의 접근이 용이한 곳
④ 경영자가 살고 있는 곳에 가까운 곳
⑤ 아직 상권이 발달되어 있지 않지만 개발 및 발전 가능성이 있는 곳
⑥ 주택가와 상가가 연결되어 있는 곳
⑦ 대중적인 점포(고정객 50% 내외) : 변화가, 밀집지역, 상가
⑧ 고급 점포(미용실 스타일: 고정객 70% 이상) : 주택가, 대단위 아파트 단지
⑨ 출근보다 퇴근하는 쪽에 있는 점포
⑩ 차량의 진입이 용이한 곳
⑪ 오전에 햇볕이 들고 오후에 햇볕이 들지 않는 점포
⑫ 문화공간, 학교, 은행, 관공서, 지하철, 버스정류장, 상가 등을 목적지로 해서 움직이는 길에 위치한 곳

2) 점포의 선택

소규모 사업일수록 입지를 잘 골라야 한다. 미용실과 같은 서비스업종은 주택가에 가깝고 주부들의 왕래가 많으면서 가시성이 비교적 양호한 곳을 선택하는 것이 유리하다.

□ 점포 선택시 주의할 사항

① 전면의 폭이 넓은 점포
② 내리막에 위치한 점포
③ 고객의 주 동선 오른쪽에 위치한 점포

④ 건물의 노후 상태
⑤ 출입문의 방향
⑥ 점포 앞의 통행인구
⑦ 주차장의 유무
⑧ 점포의 층수와 업종과의 상관관계
⑨ 주민들의 소득수준, 성별, 연령 등에 비해 사업성이 있는지?
⑩ 임대료의 적정수준 여부
⑪ 건물의 용도, 법적, 도시계획상 하자 여부
⑫ 업종이나 주인이 자주 바뀌는 점포
⑬ 임대로나 권리금이 유난히 비싸거나 산 점포
⑭ 언덕 위에 위치하거나 길 맞은편에 점포가 없는 지역
⑮ 주변에 자기 점포보다 큰 규모의 점포가 있는 곳

3) 점포 계약에 따른 유의점

상권분석과 입지분석을 성공적으로 마치고 점포를 골랐다고 해서 성급하게 계약을 하면 낭패를 볼 수 있다. 계약을 하기 전에 반드시 해당 점포에 대한 권리관계를 확인하여야 한다. 권리관계는 등기부와 도시계획 확인원의 열람을 통하여 확인할 수 있는데, 관할구역의 법원등기소에서 한 번만 열람할 것이 아니라 계약금 지불 후 중도금 지불 후, 잔금 지불 후에 각각 열람해서 만약의 실수를 사전에 방지해야 한다.

그리고 점포를 계약하기 전에 반드시 등기부 등본을 확인하고 보증금에 대한 전세권 설정을 하는 조건하에서 진행시켜야 한다.

□ 점포 계약에 따른 유의사항

① 건물주의 임대 의도, 건물주 당사자의 여부
② 영업에 있어서 적합성 여부: 노후도, 방수. 급수시설, 배수시설, 환기, 전기시설, 소방시설, 수도시설, 위생시설 등
③ 법률상의 문제: 근저당권 설정, 압류
④ 법률적 관계의 확인: 등기부등본, 도시계획확인원
⑤ 계약서상의 기재내용 재확인
⑥ 현 점포주의 명도일자 및 조건 확인
⑦ 계약금 지급 후에도 재차 등기부 확인
⑧ 점포에 대한 법적인 권리 확보(확정일자, 공증)

도시계획확인원은 관할 시·군청에서 열람할 수 있다. 도시계획확인원에는 도시계획이나 업종 제한 구역이 표시되어 있어 계약 후 점포가 도로와 같은 공공용지에 포함되거나 재개발 지역에 포함되어 헐릴 지역이 아닌지를 확인할 수 있다.
도시계획확인원을 열람하는 것은 꼭 법적인 문제를 대비하려는 부정적인 목적만 있는 것은 아니다. 도시계획, 재개발 여부 등을 확인함으로써 앞으로의 상권 변화 등을 예측해 대응할 수 있는 긍정적인 측면도 있으므로 반드시 열람할 것을 권한다.

4. 사업자 등록과 법률상식

1) 사업자 등록의 의의

개인 기업으로 창업할 경우에는 부가가치세법에 따라 해당 서류를 구비하여 관할 세무서에 사업자등록을 하여야 한다. 사업자는 사업을 시작한 날로부터 20일 이내에 구비서류를 갖추어 관할세무서 민원봉사실에 사업자등록을 신청하면 된다.

그러나 신규로 사업을 개시하는 자는 사업 준비기간 중에 세금계산서를 교부받아 매입세액을 공제받을 목적으로 사업개시 전이라도 사업자로 등록할 수 있다.

□ 사업자 등록에 필요한 서류

① 사업자등록신청서(세무서에 비치)
② 주민등록등본
③ 사업 인·허가증(인·허가 대상 업종에 한함)
④ 임대차계약서

공동사업을 하는 경우에는 1인을 대표자로 하여 대표자 명의로 신청하되, 공동사업자 전원의 주민등록표등본을 첨부하여 등록한다.

2) 사업자가 알아야 할 법률상식

(1) 상가임대차보호법

기존 및 신규 상가건물 세입자는 주택 전세처럼 세무서에서 확정일자를 받아 보호를 받을 수 있는 「상가건물임대차보호법」이 2002년 11월부터 시행에 들어갔다.

이 법의 시행에 따라 상가 건물 세입자는 ① 우선변제권, ② 대항력, ③ 5년 내 임대료 인상 9% 제한 등 세 가지 보호를 받게 된다. 이 제도의 시행으로 상가 건물의 주인은 상가의 임대료나 보증금을 올릴 때 기존 금액의 9%를 초과할 수 없다.

(2) 가맹사업거래공정화에 관한 법률

프랜차이즈(franchise) 사업이 활성화되는 시대적 추세에 따라 프랜차이즈 본부와 가맹점주간 분쟁을 규율하기 위한 법이다. 프랜차이즈 본사가 난립, 경험 없는 소자본 창업자들이 본사 말만 믿고 창업했다가 실패의 나락으로 빠질 수 있다. 이 법에는 가맹본부가 가맹사업자에게 정보공개서를 제출할 의무가 있음을 명시하고 있다.

□ 정보공개서의 내용

- 회사 및 임직원에 관한 사항
- 가맹사업자의 부담
- 영업활동 조건 및 제한
- 가맹본부의 가맹사업 현황
- 가맹영업 개시와 상세 절차
- 소요시간
- 교육훈련 프로그램
- 점포예정지 근처의 사업자 10군데의 명칭과 소재지
- 전화번호 등

3) 사업자가 알아야 할 세무상식

(1) 부가가치세

부가가치세(VAT; value added tax)란 재화나 용역의 생산 혹은 유통단계에서 발생하는 부가가치(Added Value)를 과세대상으로 하여 사업자에게 납세의무를 부여하는 조세다.

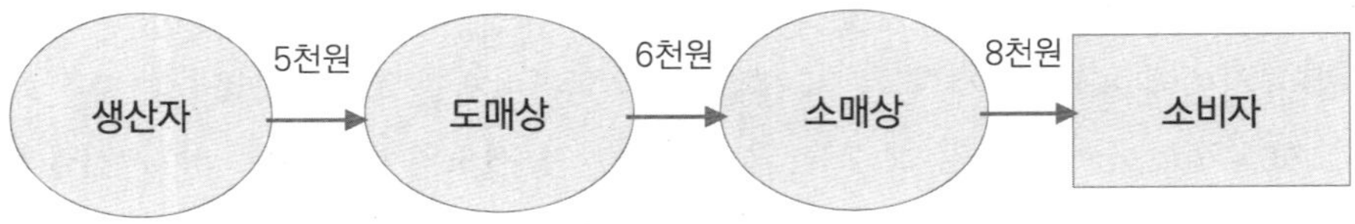

그림 3-1 부가가치세의 개념

(1) 소매상이 창출한 부가가치 : 8,000원 - 6,000원 = 2,000원
(2) 소매상이 납부할 부가가치세는?
① 부가가치(2,000원) × 세율(10%) = 200원
② (8,000원×10%) - (6,000원×10%) = 200원

사업자는 물건을 팔 때 받은 세금(매출세액)에서 물건을 살 때 지불한 세금(매입세액)을 차감한 금액을 납부하면 된다. 부가가치세는 물품 대금에 세금이 포함되어 있기 때문에 사업자가 부담하는 것이 아니라 최종소비자가 부담하는 것이다.

납부할 부가가치세 = 매출세액 - 매입세액	← 전단계 세액공제 방식

(2) 소득세

소득세란 개인이 사업을 통해 얻은 소득에 대해 내는 세금으로 사업소득세를 말한다. 미용기업 역시 법인 즉 주식회사가 아니라면 역시 소득세를 납부하여야 한다.

소득세 계산의 근간이 되는 사업소득은 1년간 총수입금액에서 원가(급여, 임대료 등) 등 필요경비를 공제하여 계산한다. 그리고 기장을 하지 않은 영세사업자(간이과세자)는 총수입금액에 정부에서 정한 업종별 표준소득율을 곱하여 소득금액을 계산한다.

(3) 주민세

주민세는 균등할과 소득할로 구분하여 징수되는 지방세다.[14] 시 · 군내에 주소를 둔 개인과 법인에게는 균등할을 부과하고, 시 · 군내에서 소득을 얻는 개인과 법인은 소득할을 부과한다. 그러므로 소득할 주민세는 소득세와는 별도로 소득세액의 10%를 주소

14) 주민세는 도에서는 시·군세이며, 광역시에서는 시세로 부과 징수되는 독립세인 동시에 보통세다.

지를 관할하는 시 · 군 · 구에 신고 납부하여야 한다.

주민세는 매년 소득세 신고납부 후 6월 30일까지 신고 · 납부하는데, 자세한 사항은 주소지 관할 시 · 군 · 구청 세무과로 문의하면 된다.

⊙ 정부(국세청, 세무서)에 납부하는 세금 → 국세(國稅)

⊙ 지방자치단체(시청, 군청, 구청)에 납부하는 세금 → 지방세(地方稅)

(4) 갑근세의 원천징수

원천징수란 상대방의 소득 또는 수입이 되는 금액을 지급할 때 이를 지급하는 자(원천징수의무자)가 그 금액을 받는 사람(납세의무자)이 내야할 세금을 미리 떼어서 대신 내는 제도를 말한다.

그러므로 사업자는 직원에게 매월 급여를 지급할 때마다 「간이세액표」에 의해 소득세(갑종근로소득세)를 떼어 다음 달 10일까지 납부하고, 다음해 1월분 급여를 지급할 때(미지급시는 1/31일까지) 연말정산을 해야 한다.

(5) 연말정산

연말정산이란 1년간(1.1.~12.31.) 지급한 급여총액에 대한 근로소득세액을 정확하게 계산한 후 매월 급여 지급시 '간이세액표'에 따라 원천징수한 세액과 비교하여 많이 징수한 세액은 돌려주고(환급), 덜 징수한 경우에는 더 징수하여 납부하는 절차를 말합니다.

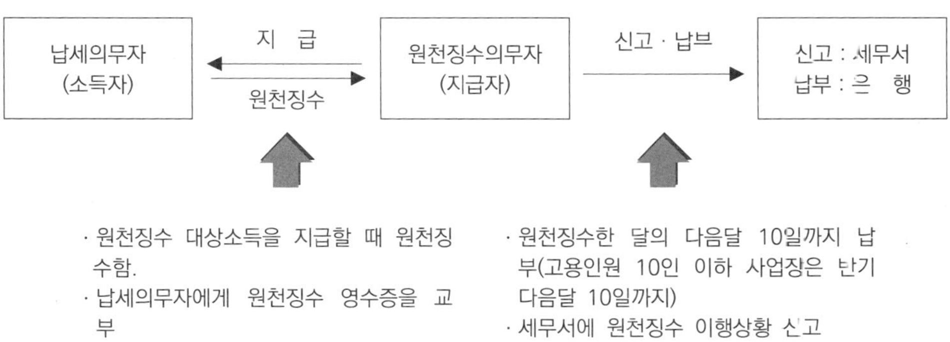

그림 3-2 원천징수와 신고납부

(6) 간편장부

중 · 소규모 개인사업자를 위해 정부(국세청)에서 특별히 고안한 장부양식으로서 누구나 쉽게 간편하게 작성할 수 있도록 하였다. 미용기업도 직전연도 수입금액이 7천 5백만원 미만이면 간편장부를 작성할 수 있다.

□ 간편장부 사용에 따른 혜택

① 스스로 기장한 실제소득에 따라 소득세를 계산하므로 적자(결손)가 발생한 경우 10년간 소득금액에서 공제 할 수 있다.

② 감가상각비, 대손충당금 및 퇴직급여충당금을 필요경비로 인정받을 수 있다.

③ 장부를 기장하지 않는 경우보다 소득세 부담을 최고 20%까지 줄일 수 있다.

표 3-2 간편장부의 양식

날짜	거래내용	거래처	수입(매출)		비용(원가관련 매입포함)		고정자산 증감(매매)		비고
			금액	부가가치세	금액	부가가치세	금액	부가가치세	
소계									

※ 간편장부 대상자가 위 간편장부의 기재사항을 추가하여 사용하거나 별도의 보조부 또는 복식부기에 의한 장부를 기장하여도 적법함

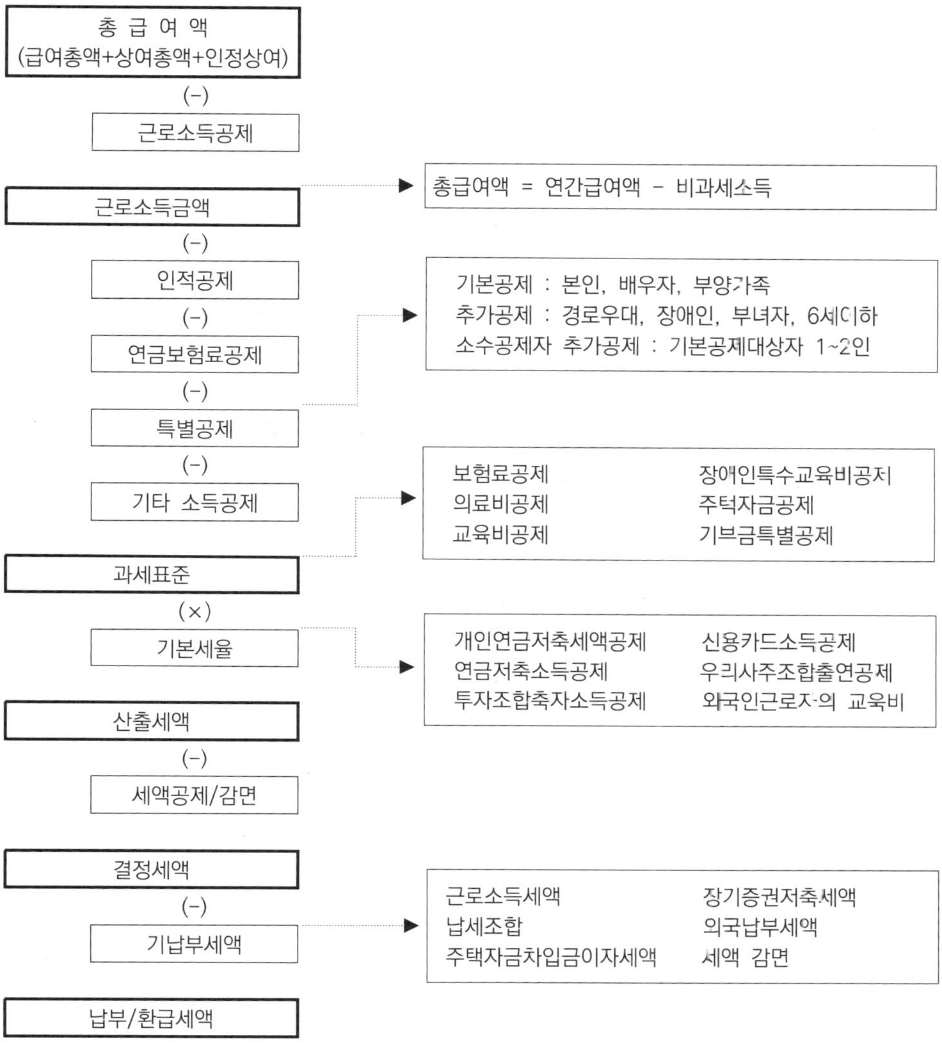

그림 3-3 연말정산 세액계산 흐름도

일 잘하는 사람과 일 못하는 사람

일본 기업인이 회사원의 업무 스타일을 분석한 책「일 잘하는 사람, 일 못하는 사람」이 국내 기업 간부들 사이에서 인기를 끌고 있다. 이 책의 저자는 일본 최고의 계측기 업체로 불리는 호리바제작소의 창업자 호리바 마사오(76) 회장. 호리바 회장은 50년이 넘는 기업 경영 경험을 토대로 회사원의 업무 스타일을 1백가지 유형으로 분류하고 각각의 장단점을 분석했다.

이 책에 따르면 일을 잘하는 사람의 성격은 결론을 빨리 내리며 가능성이 낮은 데 도전한다는 것. 또 자기보다 지위가 높은 사람을 만나려고 한다. 반면에 일 못하는 사람은 좋은 사람이라고 불리며 적이 없다. 결점을 고치려고 노력하지만 그다지 성공적이지 못하고 모든 일을 자기가 하려 한다. 능력면에서 보면 유능한 사원은 장단점이 확실하게 드러난다. 또 실패를 쉽게 잊고 시류를 빨리 읽는다. 그렇지 않은 직원은 상사의 마음을 잘 읽지 못하며 재미를 찾아가며 일을 하지 못한다. 이 때문에 여자 사원들에게도 인기가 없다.

습관에도 차이가 있다. 일을 잘 하는 직원은 자기가 업적을 과장해서 말하며 접대를 받으면 반드시 갚는다. 또 반대의견이 있으면 철저히 논쟁한다. 그러나 일을 못하는 직원은 네 일과 내 일을 구분하고 무슨 일이 있으면 곧바로 회의를 여는 습관이 있다. 때로는 사내정보통이라고 불리기도 한다.

업무태도를 보면 일을 잘 하는 사람과 그렇지 않는 사람의 차이가 확연하다. 일을 잘 하는 직원은 업무내용은 몰라도 부하를 신뢰한다. 또 언제나 중요한 부서만 희망하고 '전부 내 공'이라고 주장할 정도로 적극적이다. 반면에 그렇지 못한 직원은 부하를 신뢰하지도 않지만 꾸중하지도 않는다. 자기가 입안한 일만 열심히 하며 상사의 칭찬에 일희일비한다.

구 분	일 잘하는 사람	일 못하는 사람
성 격	결론을 내는 것이 빠르다	좋은 사람이라 불리며 적이 없다
능 력	장단점이 확실하다	상사의 마음을 잘 읽지 못한다
노 력	서점에 가면 빈손으로 오지 않는다	별일도 없는데 빨리 출근한다
습 관	자기의 업적을 과장해서 말한다	네 일 내 일을 구분한다
발 언	철저히 모난돌이 된다	설명을 잘 못한다
태 도	업무내용은 몰라도 부하를 신뢰한다	부하를 나무라지 않는다
사고방식	문제발생 즉시 상사에게 보고한다	잔업을 당연하게 생각한다
가 치 관	용꼬리보다 닭머리가 되길 원한다	애사정신을 강조한다

(자료원 : 한국경제신문, 2001. 4. 7.)

제 4 장

자금계획과 인테리어

1. 자금계획의 의의

점포 개설을 위한 상권분석, 입지분석 및 점포계획단계에서 얻은 정보에 의거하여 개략적으로나마 소요자금을 추정할 수 있다. 소요자본은 크게 고정자본, 운전자본, 초기비용으로 나눈다.

1) 고정자본

미용기업에서의 고정자본(fixed capital)이란 미용 영업을 영위하기 위한 점포 및 설비나 집기 등에 들어가는 장사밑천(자본)을 말한다.

① 점포확보 자금 : 신축·매입자금, 임차보증금(전세금)

② 인체리어 자금 : 간판, 입구, 조명, 도색, 벽, 집기, 비품, 내부진열장, 분위기창출 보조용품 등

2) 운전자본

운전자본(working capital)이란 기업운영에 필요한 자금을 말한다. 미용기업에서는 이익금, 채권회수 등에 의하여 유입되는 자금과 고정자산의 증가, 부채 상환 등에 유출되는 자금을 계획화하여 그것의 실현과 유지에 노력하여야 한다.

① 임대료

② 재고유지비

③ 종업원 인건비 : 디자이너, 인턴, 보조원, 사무원, 판매원, 배달원, 수금원

④ 판매비 : 광고선전비, 접대비, 운반비 등

⑤ 공과금 : 전기·수도·가스요금, 통신비, 관리비 등

표 4-1 소요자금 추정표

자금구분	세부내역	금액
고정자금	점포 임대 보증금	
	점포 인테리어	
	점포 설비	
	금전등록기	
	전화기	
	텔레비전	
	프랜차이즈 가맹비	
	고정자금합계	A
운전자금	인건비(1개월)	
	원재료비	
	점포 임차료 월세	
	수도료(1개월 분)	
	전기료(1개월 분)	
	광고 홍보비(1개월 분)	
	통신비	
	예비비(현금)	
	운전자금합계	B
개업준비비	점포 소개비	
	개업 준비 활동비(교통비 등)	
	개업 파티 준비비	
	개업준비비합계	C
총소요자금		D=A+B+C

3) 초기비용

미용기업 창업에 따른 초기비용은 점포 계약에서부터 점포개설 및 개업에 이르기까지 영업 시작을 위하여 들어가는 비용을 말한다.

① 점포소개비

② 전문가 상담비

③ 종업원 선발 및 교육비

④ 개점 행사비
⑤ 기타 비용

2. 미용기업 인테리어의 개요

1) 인테리어의 의의

인테리어(interior)는 고객을 끌어들이는 가장 중요한 요소다. 인테리어에 의해 점포의 분위기가 좌우된다. 미용기업의 인테리어는 인테리어 분야에서 모든 기술이 집약된 가장 까다로운 인테리어로서 독특한 분야로 자리를 잡아가고 있다.

미용실 인테리어는 고도의 전문성을 띄고 있어야 하며, 미용의 문화, 역사, 여성의 심리, 미용실 내의 기능성, 기구의 특성 등을 고려하여 이루어져야 한다. 따라서 세계적으로 우수한 미용 기기, 기구들의 선별 능력까지도 갖추어야 하고 수많은 미용관련 자료를 미용실에 응용해야 하는 고도의 전문성을 요구하고 있다.

□ 인테리어 시공 시 주의 사항

① 고객의 심리와 분위기에 맞게 하라

미용기업의 인테리어는 그 기업의 전체적인 이미지와 직결되며, 고객을 직접 끌어들여 고도의 미용기술을 파는 것이므로 고객의 심리와 분위기를 충분히 고려하여야 한다. 적은 돈이 들더라도 감각이 좋고 개성이 뛰어나면 고객에게 호감을 주는 인테리어 분위기를 연출할 수 있다.

② 고객중심의 인테리어를 하자.

인테리어 개념은 꾸민다는 개념과 편리성, 채산성, 분위기 등을 고려해야 한다. 특히 고객의 편리함이 인테리어에서 가장 중요한 요소일 것이다. 미용기업의 인테리어는 미용기업의 경영자나 종업원의 편리함보다 고객의 편리함을 우선순위로 놓고 시작해야 한다.

③ 화려함이 무조건 좋은 것은 아니다.

미용기업은 다른 업종보다 인테리어 분위기가 고급스러움과 화려한 분위기를 연출하고 있다. 그러나 무조건 화려한 것이 좋은 것은 아니다. 고객이 미용기업을 지나갈 때 미용기업이라는 고유성격을 느낄 수 있고 다시 한 번 볼 수 있는 친근감을 느끼게 하는 것이 중요하다. 미용기업이라는 개성과 특성을 살리면서도 고객의 머무르게 할 수 있는 대중적인 느낌을 주는 인테리어가 바람직하다.

2) 레이아웃

(1) 레이아웃의 의의

레이아웃(layout)은 구상한 점포계획이 실제로 실현 가능한가를 확인하고 상점에 가장 부합하는 공간 활용계획을 세우기 위한 것인데, 미용기업에서 공간 시설을 위해서 염두에 두어야 할 사항은 다음과 같다.

① 합리적인 시설의 및 투자의 적정 한도액을 정한다.
② 기본설계에 대한 충분한 검토 및 다각적으로 수정 보완한다.
③ 결정된 기본설계를 토대로 실시설계를 설계, 검토 후 시공한다.
④ 시공 후에 설계대로 시공되고 하자는 없는지 확인한다.

(2) 공간분할과 평면배치

미용실 시설은 합리적이고 원활한 동선 유지가 필수적이기 때문에 작업동선(서비스 동선 및 고객 동선)을 고려하여 공간을 분할하고 평면을 배치해야 한다.

첫째, 공간분할은 종업원의 수, 점의 유형 및 크기, 업주의 사업성격에도 작용한다고 볼 수 있다.

둘째, 평면배치에는 출입구의 방향이 전체의 공간흐름을 좌우한다.[15]

□ 계단/출입구

- 계단 및 출입구의 방향은 도로의 성격 및 유동인구 밀도에 영향을 받는다.
- 계단과 출입구는 외부 유동인구(고객)와 점포를 이어주는 중요한 역할
- 동시에 고객이 처음으로 접하는 공간
- 지루하거나 불쾌하지 않게 청결하고 산뜻한 이미지를 주어야 한다.

□ 안내데스크

- 고객이 출입구를 통해 처음으로 접하는 곳
- 매장(점포) 안으로 들어온 고객을 안내하는 역할
- 시술 및 서비스가 끝난 고객이 계산을 하는 곳

15) 김선옥·김세욱·권대순·황정원, 디지털시대의 미용경영학, 수문사, 2001, pp.142~143

- 작업시 고객의 흐름을 한 눈에 볼 수 있는 그런 위치를 필요로 한다.

□ 라커/대기실

- 고객의 소지품을 보관하는 라커와 대기할 수 있는 공간은 고객이 접하는 공간
- 미용점포의 특성상 대부분 계산대에서 안내
- 출입구와 인접한 공간에 배치하는 것이 효율적
- 라커의 경우 분실 도난방지를 위해 계산대에서 쉽게 관리할 수 있는 곳이 좋다.
- 위치로는 계산대의 뒤쪽이나 출입구 옆이 좋다.

□ 고객 대기석

- 고객 대기석은 아늑하고 고객들이 기다리는데 지루하지 않도록 설계
- 주로 공간에서 작업하는 것을 보게 하는 것이 좋다.
- 부대시설은 TV, 음료자판기, 잡지대, 인터넷이 가능한 컴퓨터 등

□ 검사기기 설치 공간

- 고객의 헤어, 모발 및 피부 등의 상태를 자연스레 점검할 수 있어야 한다.
- 대기석과 시술 공간으로부터 멀지 않고 양자의 중간 정도가 좋은 위치
- 기다리는 데 지루하지 않고, 시술을 시행하기 전 단계에서 제공하는 서비스 공간

□ 커트 · 와인딩 공간

- 커트공간이나 와인딩 공간은 고객이 접하는 공간
- 이 공간은 일반적으로 기본적인 공간의 확보가 필수적이다.
- 양자에게 불편하지 않은 공간으로 설계되어야 한다.

□ 샴푸하는 공간

- 시술이 끝난 고객이 이동하는 공간으로 작업대와 가까운 거리에 배치
- 샴푸실 배치시 설비(상·하수도) 계획을 우선적으로 검토해야 하다.
- 설비 하자 발생시 가장 큰 불편을 겪는 공간으로 설계시 유념할 공간

□ 기타 공간

- 다용도실(세척, 제품 보관), 종업원 휴게실, 급탕실, 공조실 등
- 이 공간도 설계 계획시 유념할 공간
- 종업원의 피로도와 감안해서 설비 계획시 원활한 공간배치를 요하는 곳
- 종업원의 수와 밀접한 관계

(예제) 학교 미용실습실(피부미용관리실)이나 기타 미용실의 레이아웃을 설계하라.

3) 설비

(1) 전기 설비

가. 조명설치

미용실에서 조명을 설치할 때는 손님이 의자에 앉았을 때 거울에 조명이 비추어 눈이 부시거나 시야를 방해하면 안 된다. 따라서 머리 위에 설치하는 조명은 각도 조절을 잘해야 한다.

나. 콘센트 설치

각 의자마다 드라이기를 사용하므로 한 대의 드라이가 약 1kw 정도의 과부하가 걸리지 않도록 선의 굵기와 용량 체크를 하여야 한다.

(2) 상·하수도 설비

가. 온수 설비

기존 건물에 난방설비가 되어 있으면 좋으나 그렇지 않을 경우 순간온수기를 사용해도 비용이 절감되고 설치하기가 편리하다.

나. 하수도 설비

하수는 상수와 달리 자연적인 흐름에 의해 배수가 진행되므로 샴푸대를 설치할 장소를 신중히 선택해야 한다. 주로 화장실 옆에 설치하면 바로 배수하기가 편리하다.

4) 인테리어 시공에 따른 공사

인테리어 시공에 따른 공사로는 다음과 같은 것들이 있는데, 그 특성을 잘 아라야 공정을 단축할 수 있고 공사비도 절감할 수 있다.

① 철거공사 : 벽과 바닥, 천장의 낡은 내장재를 뜯어내고 필요 없는 그조를 철거하는 공사

② 바닥공사 : 세면대, 급배수시설, 바닥 방수시설 등의 공사

③ 목공사 : 가벽세우기, 전기 배선 및 조명 자리 잡기, 천장 마감, 카운터, 화장대 등의 가구 제작

④ 철물공사 : 출입구의 tit시, 강화 유리문 작업, 창문 및 배기구 설치, 환풍기 공사

⑤ 페인트공사 : 기초 퍼티(putty) 작업, 가구퍼티작업, 샌딩 작업 및 벽면도장 작업

⑥ 마감공사 : 타일붙이기, 전등달기, 유리 끼우기 및 가구세팅, 에어컨과 난방기 설치공사

3. 구조별 인테리어와 공간인테리어

1) 구조별 인테리어

고객은 밖에서부터 미용실을 보고 있다는 사실을 명심해야 한다. 점포 앞에 다 와서 간판이 잘 보이지 않는다거나 주차를 시킬 데가 없어서 불편을 초래해서는 안 된다. 인테리어를 통하여 고객들에게 상점이 개방되어 있고 활기가 넘친다는 인상을 주고 점포의 특별한 이미지를 전달해야 한다.

(1) 색깔과 디자인

미용실 컬러는 일반적으로 모노톤의 브라운이나 아이보리 계열이 우세한 편이다. 이러한 색상은 편안하고 따뜻한 느낌을 주기 때문이다. 가급적 내부색은 한 가지로 통일하는 것이 보기 좋다. 벽지나 의자, 계산대, 진열장 등 내부 가구색은 전체적인 분위기를 고려해 한 가지색으로 조화를 이루게 배색하도록 한다.

(2) 간판

상점의 간판은 고객으로 하여금 상점을 발견하고 확인하게 하는 기능뿐만 아니라 상점에 대한 이미지를 전달하는 기능을 한다. 간판은 이러한 기능이 만족되도록 작성하여야 하며, 잠재적인 고객들이 상점과 접촉하게 되는 시발점이라는 것을 명심하여야 한다. 따라서 미용기업의 간판은 이미지와 분위기에 맞는 디자인과 색깔 및 글씨체를 신중하게 결정해서 하도록 하여야 하며 쉽게 기억할 수 있도록 간단명료하게 하는 것이 좋으며 고객이 정확하게 알아볼 수 있도록 표기해야 한다.

간판을 디자인하고 실제로 제작할 때는 전문가의 도움을 받는 것이 좋다. 3층까지의 건물은 가로길이 3.5m 이상의 대형 간판을 달 때 구청에 신고해야 한다. 그리고 빨간색은 도시 미관상 가급적 배제시키고 있다는 점도 유의해야 한다.

(3) 입구와 현관

기본적으로 입구는 고객이 쉽게 출입할 수 있도록 되어야 한다. 입구는 고객이 출입하는데 심리적·물리적 부담이 가지 않도록 하여야 한다. 현관문이라고 하는 단순한 기능 외에 미용기업의 얼굴이자 첫인상을 심어주는 역할을 하기 때문에 밝고 명랑하며 청결한 느낌을 주는 분위기로 연출하는 것이 바람직하다. 가급적 평면적인 현관문보다는 약간 실내로 들어선 문을 열고 들어가는 기분이 훨씬 현관분위기를 자아내는 데 이상적이다.

점포가 2층일 경우에는 아래층부터 정돈하도록 세심한 배려를 해야 한다. 특히 현관문은 고객의 편의를 최우선으로 고려해 만들어야 하며, 현관문에 따라 미용기업의 전체적인 서비스 이미지가 좌우 될 수 있다는 사실을 있어서는 안 된다.

□ 입구 설계시 고려할 사항

① 출입구의 수
② 출입구의 위치와 방향
③ 출입구의 크기
④ 여닫는 방식(전후 미닫이, 좌우 미닫이, 회전문, 자동문)
⑤ 비상구

(4) 계산대

계산대(카운터 counter)는 고객에게 부담이 되는 장소다. 따라서 고객에게 부담을 주지 말아야 한다는 원칙을 세우고, 그 원칙하에 고객의 필요를 잘 알아차릴 수 있는 곳이 좋다. 없는 듯하면서도 고객의 눈치를 살필 수 있는 곳이 좋다. 또 계산대는 고객의 통행에 불편을 주지 않아야 하고 안정성도 고려하여야 한다.

고객이 들어섰을 때 인포메이션 데스크 역할을 하고 고객의 상담 역할을 한다. 종업원의 불필요한 동선을 통제하는 역할과 전체 분위기를 파악하고 관장하는 역할도 한다. 그러므로 카운터는 통상 출입구 근처에 위치하는 것이 통례다. 숍의 모양이 좋지 않아 입구에 위치하는 것이 마땅치 않을 경우에는 조금 비켜서 위치해도 무방하다. 업소의 규모에 따라 카운터의 크기도 유동적이다.

카운터의 높이는 75~100cm가 이상적이다. 상단부분은 이중으로 하며, 고객이 서서 계산하기에 불편함이 없어야 한다.

(5) 진열대

일부 업소에서만 취급하던 점판사업(점포판매사업)이 소형 업소에까지 확산되고 있다. 기존의 공간 활용 차원이기도 하지만 미용실의 분위기에도 한 몫을 하고 있다. 점판대가 카운터 주변에 위치할 경우 숍의 분위기는 카운터와 세트개념으로 이루어지며, 앞 통로 부분을 여유 공간으로 출입이 원활해야 한다.

진열창은 진열된 상품이 고객의 주의를 끌고 고객이 그 상품들에 관심을 가질 수 있도록 하여야 한다. 진열창은 그 상점의 대표상품 또는 고객을 유인하기 위한 전략상품을 진열하여 상점의 이미지를 전달하여야 한다. 고객을 유인하기 위하여 세일품목, 희귀상품, 세일안내문, 계절상품, 신제품 등을 진열할 수 있다. 진열창의 내용은 계절, 명절 등 기회가 있을 때마다 바꾸어 주는 것이 좋다.

(6) 탈의실(라커, 옷장)

동선을 고려하여 출입구와 멀지 않는 곳에 위치하는 것이 바람직하다. 주변에 옷장이 있어 탈의 후 바로 작업으로 들어갈 수 있도록 배려한다. 공간 크기는 100×150cm 혹은 120×170cm 정도면 그 안에 가운까지 비치할 수 있다.

(7) 미용대

거울과 유리를 적절하게 이용하여야 한다. 미용실은 여타의 업종보다 거울과 유리가 많다. 거울은 잘만 활용하면 미용실의 면적을 실평수보다 넓어 보이게 한다. 만약 미용실 내에 기둥과 같은 불필요한 장애물이 있다면 거울로 감싸면 오히려 좋은 효과를 낼 수 있다.

유리도 인테리어로 활용하기에 더 없이 좋은 소재 중 하나다. 속이 훤히 들여다보이기 때문에 청결함과 신뢰감을 심어 주기에 더할 나위 없이 좋은 인테리어 소재가 바로 유리다. 미용대는 크게 단면경과 양면경으로 구분되며, 홀 모양이 이상하게 생긴 숍에는 사면경과 사면경도 간혹 사용한다.

미용대의 위치는 숍의 전체적인 구도에 중심 역할을 하며, 숍의 규모를 좌우한다. 한 대당 필요 공간은 120×180cm 정도로 설치해 동선에 유의해야 한다.

표 4-2 미용실 면적과 작업대수, 종업원 수

전용면적	셋트대수	샴푸대수	종업원수
10평	1~4대	1대	2~3명
15평	5~6대	2대	3~4명
20평	6~7대	2대	4~5명
25평	7~8대	2~3대	5~6명
30평	9~10대	2~3대	6~7명
40평	12~13대	3~4대	7~8명
50평	15~16대	4~5대	10~15명

(8) 대기공간

대기공간은 설계상 미용대 한 대당 한 석을 기본으로 한고 있으며, 숍의 위치에 따라 공간을 가감하고 있다. 대기 공간은 한 군데 집결돼 있는 것보다는 여기 저기 분산돼 있는 것이 효율적이다. 대기 의자는 안락한 소파 형태, 간결한 벤치 형태 ,식탁의자 형태로 구분할 수 있다. 또 숍의 구조와 공간효율에 맞추어야 할 것이다.

(9) 샴푸실

냉수 한 라인에서 샴푸 두 대 이상 사용하면 물 부족 현상이 일어나므로 별드의 라인을 끌어 와야 한다. 한 대의 샴푸대 사용시 전기나 가스, 순간온수기를 사용하고 두 대의 샴푸대 사용시 보일러 수준에 가까운 온수기를 사용하고 있다. 이 때 발생하는 것이 냉수의 양이다. 3대 이상 사용시는 무조건 별도의 냉수라인을 갖춘 보일러를 사용해야 한다. 합리적인 미용대수와 샴푸대의 비율은 3:1 정도다. 샴푸실은 더 이상 허드레공간이 아니라는 사실을 명심해야 한다.

(10) 스텝 룸(다용도실, 조제실)

스텝 룸의 공간 배정은 규모와 스텝 인원에 비례하며, 클수록 운영상 편리하다. 그리고 다용도실은 물을 자유로이 쓸 수 있도록 배려해야 하며, 스텝들의 사물함과 식기까지 해결할 수 있을 만큼 기능적이어야 한다. 다용도실의 기능이 원활할수록 샴푸실의 청결이 유지된다는 점도 잊어서는 안 된다.

(11) 주차장

소규모 점포에 있어서는 주차장이 반드시 필요한 것은 아니지만 상점계획단계에서 일단 고려해야 할 사항이다. 도시 외곽에 개설되는 점포는 반드시 주차장에 대한 고려를 할 필요가 있다. 독자적으로 주차장을 확보하기 어려울 때는 공동으로 사용하는 방안도 검토한다.

2) 공간인테리어

고객이 상점 내에 들어오면 불안해지거나 상점에 대한 불신의 감정이 생기지 않도록 분위기가 조성되어야 한다. 상점의 내부계획과 관련하여 고려할 사항은 조명, 색깔, 바닥, 벽, 집기와 장비, 내부진열, 분위기 보조장치 등이다.

(1) 조명

조명은 자연광에 되도록 가깝게 연출하는 것이 최고로 잘하는 것이다. 주로 간판이나 작업대 전면에 고명을 집중적으로 많이 함으로 미용기업의 종업원이 작업을 하는데 불편함이 없도록 하여야 하며, 조명을 통해 미용기업의 이미지를 높이고 서비스의 질을 높이는 효과가 있도록 해야 한다.

그러므로 특이한 것, 기발한 것 등을 사용하여 고객의 눈에 확 띄는 것도 중요하지만 무엇보다 종업원이나 고객의 눈에 피로감이 없도록 하여야 하며 편안함을 느낄 수 있도록 해야 한다.

미용실은 밤늦게까지 영업을 해야 하므로 최소한 240 lux(룩스) 이상은 되어야 하고, 그 정도의 조도를 유지하려면 눈의 피로감을 줄일 수 있는 할로겐 조명등을 사용하는 것이 좋다.

□ 좋은 조명의 조건

① 충분한 조도와 균일한 조도 즉, 밝기에 얼룩이 없어야 한다.
② 눈부심이 없어야 한다.
③ 광원 즉, 배광을 조절할 수 있어야 한다.
④ 광원의 보완과 보수유지가 용이해야 한다.
⑤ 전체 인테리어 디자인과 조화를 이루어야 한다.
⑥ 경제적이어야 한다.

(2) 색채

색채와 조명은 깊은 연관이 있다. 색채는 조명과 함께 상점의 무드와 이미지를 창조하여 고객의 관심을 고조시킬 수 있다. 그리고 색채는 상품의 진열과도 관계된다. 예를 들어, 진열장이나 카운터는 흰색이나 회색 같은 중성색으로 하여 상품으로부터의 관심이 이탈되지 않도록 하는 것이 좋다. 또, 검정색은 보석과 같은 고급상품의 진열에 자주 이용되고, 수수함의 상징인 백색은 화장품과 관련하여 자주 쓰인다. 따라서 미용 관련 제품을 취급하는 백화점이나 재료상 그리고 이름 난 뷰티 미용실의 무드와 칼라를 미리 구경하는 것도 경영에 도움이 될 것이다.

□ 색채 선택시 고려해야 할 사항

① 안정감을 주려면 천장에서 바닥으로 명도를 낮춘다.
② 입체감과 볼륨감을 주려면 밝은 부분과 어두운 부분을 극대화시켜야 한다.
③ 상품을 돋보이게 하려면 밝은 물건은 어두운 배경에 어두운 물건은 밝은 배경에 배치한다.
④ 문이나 창 등의 움직이는 면은 눈에 잘 띄는 색이 좋다.
⑤ 밝은 색의 실내는 더 넓어 보인다.
⑥ 천정이 큰 실내는 연한 난색으로 배색한다.
⑦ 공간이 넓을수록 중성색을 쓴다.

(3) 바닥

바닥의 재질은 상품의 분위기 조성과 관계가 있다. 또한 바닥은 감각적으로 인체와 직접 접촉하기 때문에 촉각적으로 만족할 수 있어야 한다. 마감재는 석재, 목재, 타일, 합성수지류 등으로 매우 다양하다. 최근 경향은 타일과 합성수지가 주류를 이루고 있으며, 주의할 것은 너무 미끄럽지 않은 재료의 선택이다. 헤어 업소는 나무 바닥을, 피부미용관리업소는 카펫을 권장하고 싶다.

(4) 천정

천정이 낮으면 친근하고, 포근하며, 아늑한 공간이 된다. 반면 천정을 높이면 시원함과 여유로움을 주어 공간의 활성화를 기대할 수 있다. 부분 내림 천정은 공간의 영역부분이 가능하며, 조명 설치에 이로움이 있어 단조로움을 해소시켜 준다.

(5) 벽

벽은 미용실 공간에서 각 기능과 파트별 구분을 시켜주고 시선을 차단시켜 준다. 벽은 동작을 제어시켜 주기도 하고, 기물들을 정돈시켜 주는 유일한 수직적 요소다. 그만큼 시선이 머무르는 시간이 가장 많은 곳이 벽이고, 실제 사용의 목적과 용도와 가장 많은 곳이 벽이다. 특히 미용실에서의 벽은 많은 기물로 채워져 있다.

그러므로 기존 벽의 마감과 벽에 기대어 사용하는 기물들(기구류)의 조화가 숍의 수준을 결정한다. 또한 벽도 바닥처럼 의도하는 바에 따라 재질과 색깔을 선택하여야 한다. 벽은 시멘트에 페인트를 바를 수도 있고, 벽지를 바를 수도 있다. 벽지도 단순한 것에서부터 화려한 것까지 여러 종류가 있다.

(6) 분위기 창출 보조용품

분위기란 소매 사업자가 특정한 시장을 목표로 하여 조성한 물리적 환경과 구매 분위기에 따라 만들어지는 심리적 효과로서, 구매자의 감각반응에 대한 총체적 효과의 결과다.

소매업자가 소비자의 후각, 촉각, 청각, 시각에 호소할 때, 이것을 총체적 감각판매(total sensory selling)라고 한다. 이와 같은 총체적 감각판매는 오늘날과 같이 경쟁이 치열한 사회에서는 점포의 계획과 관리 단계에서 중요하게 다루어야 할 부분이다.

① 시각

소매업자는 고객이 점포 내의 여러 곳을 두루 보게 된다는 사실을 인식하고, 이 점을 이용하겠다는 자세를 가져야 한다.

② 청각

청각을 이용하여 고객의 관심을 유도하는 대표적인 방법은 음악을 이용하는 것이다. 음악은 상점에서 다루는 상품 및 고객의 취향에도 맞아야 한다. 음악 이외의 소리로도 고객의 주의를 끌 수 있다. 예를 들어, 장난감 가게라면 장난감이 소리를 내게 할 수도 있을 것이다.

③ 후각

좋은 냄새가 구매를 촉진시키는 경우는 많다. 예를 들면, 도넛츠, 향수, 꽃 등이 있다. 자동차 같은 제품도 전시관에 사람들이 좋아하는 향을 뿌려둔다.

④ 촉각

고객이 상품을 만지거나 집어 들면 물건의 거의 팔 수 있는 단계가 된 것이다. 그러므로 판매원은 고객이 물건과 접촉하도록 유도하여야 한다. 예를 들어, 테니스 라켓이 라면 한번 쥐어 보도록 하고, 손목시계라면 한번 차보도록 유도한다.

⑤ 미각

식품은 고객이 맛을 볼 수 있도록 하면 좋다. 무료시식이나 무료시음이 어려우면 소량 판매방식이나 시용 판매방식도 생각해 볼 수 있을 것이다.

화장과 진정

네로 황제는 매일 아침 화장(化粧)을 위해 100명의 노예를 동원했다. 각각 특정 부분을 담당했던 노예들은 완전무결하게 그들이 맡은 임무를 완수해야 했다. 이 무렵 로마여인의 아침 화장도 전투훈련을 방불케 했다. 신체의 모든 구멍들을 닦고 긁어내고, 부비대고, 온몸을 떠미는 기구로 문지르고 나면 가슴, 팔, 겨드랑이, 다리, 입술, 코 안의 털을 제거하는 과정이 쉴 새 없이 이어졌다.

초기의 화장은 아름다움을 위한 것이 아니었다. 기원전 3천년부터 고대 이집트의 화장술은 성직자 계층에서 고유한 영역이었다. 입문식이나 장례식 등 종교적인 의례를 치르기 위해 몸을 단장하는 절차였다.

기원전 12세기에서 8세기의 호메로스 시대의 그리스인들은 미용에 별다른 관심을 보이지 않았다. 아테네 민주정치의 초기에도 여성혐오 풍조가 규방문화를 압도했기 때문에 그렇기도 했지만, 원래 고대 그리스인들은 손과 발이나 몸에 화장을 했지, 얼굴은 결코 그 대상이 아니었다. 스파르타에서도 화장을 금지시켰고 여자들의 풍속을 타락시킨다하여 신체 채색물의 사용을 불허했다.

기원전 3세기에서 1세기 사이의 헬레니즘 시대에 와서 금지조치가 완화되었지만 화장은 유녀들의 몫이었다. 더구나 중세에는 기독교문화가 지배하게 되자 하나님께서 인간을 당신의 모습대로 창조했으므로 인위적 겉치레는 신의 작품을 손상하는 불경스러운 일로 여겨 화장을 자제했다.

고대로부터 아름다움이라는 것은 젊음의 청춘기에 속하는 것이었다. 화장행위가 유행하고 대중화된 것은 17세기 초 유럽에서였다. 영국의 상인이 화장을 뜻하는 '메이크업(makeup)'이라는 단어를 처음 사용했다. 우리나라의 화장풍속은 중국에서 불교와 함께 연지, 가루분 등이 전래하면서 시작되었다.

오늘날에는 화장품시장이 1년에 6조원에 이르면 해마다 10%씩 성장한다고 한다. 한번 외출하는데 13가지의 화장품을 바른다고 하니 그럴 수밖에 없다. 프랑스화장품회사에서는 한국인 상대의 화장품을 집중연구하고 있다고 한다. 그러나 진정한 미(美)는 내부에 있지, 남의 눈을 위한 위장술은 아니다.

(자료원: 교원공제신문, 2003년 11월 22일, 11면)

제 5 장

미용고객관리

1. 고객관리의 의의

1) 고객에 대한 이해

(1) 고객의 정의

고객(customer)이란 우리 미용기업을 한 번이라도 이용한 사람을 말한다. 고객은 미용기업의 귀중한 재산이며 앞으로 오랫동안 관계를 유지할 사람이다. 또한 미용기업을 이용하는 고객 중 고정고객, 엘리트고객으로 이어질 수 있는 소중한 사람이다.

■ 고객이란 무엇인가?

- 고객은 미용기업의 주인이다.
- 고객은 나의 거울이며 선생님이다.
- 고객은 우리 미용기업에서 가장 중요한 사람이다.
- 고객이 우리에게 의지하는 것이 아니라 우리가 고객에게 의지한다.
- 고객은 우리의 일을 방해하거나 성가시게 하는 사람이 아니라 우리의 목표다.
- 고객은 논쟁을 벌일 상대가 아니다. 누구도 고객과의 사움에서 이길 수 없다.
- 고객은 그들이 원하는 것을 우리에게 가져오는 사람이며, 이것을 고객이나 우리 자신에게 이익이 되도록 다듬는 것은 우리의 몫이다.

(2) 고객의 종류

미용기업을 한 번이라도 이용한 사람을 '기존 고객', 앞으로 미용기업을 이용할 가능성이 있는 사람을 '잠재고객'이라 한다. 그리고 공간적 개념을 적용하여 내부고객(임직원)과 외부고객(손님)으로 분류할 수도 있다.

① 현재고객 : 현재 미용기업을 방문하고 있는 고객

② 과거고객 : 과거에 1번이라도 자신의 미용기업을 방문한 적이 있는 고객

③ 미래(잠재)고객
- ㉠ 현실적으로 내점 가능한 상권에 살고 있는 사람
- ㉡ 항상 또는 가끔 미용기업 앞을 지나다니는 사람
- ㉢ 기존고객과 밀접한 관계에 있는 사람
- ㉣ 자신의 미용기업에 호의적인 사람

④ 내부고객과 외부고객

⑤ 고정고객과 일시고객

□ 고정고객의 중요성

① 고정고객은 미용기업 경영의 안정기반이다.
② 고정고객은 미용기업 경영의 확실한 재산이다.
③ 미용기업에 의해 관리되지 않으면 이탈한다.
④ 고정고객은 어떤 이유에서든 감소하기 마련이므로 부단한 노력이 필요하다.
⑤ 상위 고정고객 20%가 미용기업 전체 매출의 80%를 좌우하다.[16]
⑥ 엘리트고객과 보통고객
- 엘리트 고객은 무보수의 판촉사원이며 의견 선도자(opinion leader)다.

(3) 고객의 유형

고객의 행동성향에 따라 다음과 같이 주도형, 사교형, 안정형, 신중형 네 가지로 나눌 수 있다.

표 5-1 고객의 유형

D 주도형(Dominance)	I 사교형(Influence)
S 안정형(Steadiness)	C 신중형(Conscientiousness)

16) 80/20 법칙은 이탈리아 경제학자 Vilfredo Pareto(1848~1923)가 설파한 법칙 : "산출의 80%는 투입의 20%에 의해 이루어진다"

□ **D 행동성향이 높은 사람**

① 자아가 강하다.
② 목표 지향적이다.
③ 도전에 의해 동기부여가 된다.
④ 통제권을 상실하거나 이용당하는 것을 두려워한다.
⑤ 압력 하에서 다른 사람의 견해, 감정들을 별로 고려하지 않을 수 있다.

□ **I 행동성향이 높은 사람**

① 낙관적이다.
② 사람 지향적이다.
③ 사회적 인정에 의해 동기부여가 된다.
④ 사람들로부터 배척당하는 것을 두려워한다.
⑤ 압력 하에서 일을 체계적으로 처리 못할 수 있다.

□ **S행동성향이 높은 사람**

① 정해진 방식으로 수행한다.
② 팀 지향적이다.
③ 현재의 상태를 안정적으로 유지하는 것에 의해 동기부여가 된다.
④ 압력 하에서 지나치게 남을 위해 자신을 양보한다.

□ **C행동성향이 높은 사람**

① 세부적인 사항에 주의를 기울이고 분석적이다.
② 과업 지향적이다.
③ 정확성과 양질을 요구하는 것에 의해 동기부여가 된다.
④ 자신이 수행하는 작업에 대해 비판당하는 것을 두려워한다.
⑤ 압력 하에서 자기 자신과 다른 사람들에 대해 기대가 높고 지나치게 비판적일 수 있다.

2) 고객관리의 개념

(1) 광의의 개념

고객관리란 고객에게 계속적인 만족감을 주고 양적·질적으로 충실을 꾀하여 대리점의 안정적 매출기반을 조성하여 성장하는 미용기업(자영점포, 대리점 포함)으로 변신하기 위한 영업활동의 한 수단을 말한다.

□ **고객관리의 과정**

① 고객조사 : 상권조사, 고객관리계획 수립
② 고객유치(before service) : 광고 및 판촉활동
③ 내점 시점 관리(in service) : 고객만족과 고객감동
④ 사후관리(after service) : 관심 표명
⑤ 재내점 관리(repeat service) : 고정화 유지

(2) 협의의 개념

협의의 고객관리란 상권 내의 고객을 호별방문, 전화, DM, SVC방문 등의 행위를 통하여 고객에 관한 정보를 입수하고, 구매행동에 영향을 주는 고객의 구매 활동을 관리하는 것을 말한다.

그렇게 함으로써 현재의 고객을 잃지 않고 고객의 수를 유지하며 새로운 고객을 찾아 가능객 → 가망객 → 고정객 → 엘리트객[17]으로 발굴·육성하여 지속적인 인간관계와 신뢰 및 편의도모를 통한 유대강화로 고객과의 밀접한 관계를 유지·발전시켜 나갈 수 있다.

□ **고객관리 포인트**

① 고객이 누구이지를 확실히 알고 판매활동을 하는 것과 그렇지 않은 경우를 조사해보면 고객정보를 많이 가지고 있는 영업사원과 그렇지 않는 영업사원의 매출액은 커다란 차이가 있다.
② 고객관리는 어느 특정한 사람만이 하는 것이 아니라 경영자, 매니저, 영업사원에 관계없이 근무하는 모든 직급의 사람들이 함께 하여야만 올바른 고객관리를 정착할 수 있다.
③ 고객은 돈을 내고 만족을 사가는 사람이기 때문에 고객정보를 수집하고, 고객의 생활상의 제반여건을 감안하여 고객의 욕구(needs)에 맞는 제안을 하여야 확보된 고정고객의 관리 및 신규고객의 확보가 가능하다.
④ 고객은 이사, 결혼, 전근, 취업, SVC불만, 종업원의 태도 등으로 연간 30% 정도는 자연 감소하기 때문에 기존의 고객을 항상 관리하고, 신규고객 개척에도 관심을 두어 최소한 30% 이상의 새로운 고객을 확보하여야 한다.

---

17) 고정고객은 제품/서비스를 구매한 적이 있는 고객을 말하며, 엘리트고객은 제품/서비스의 구매가 다수이면서 그 지역의 유지(opinion leader)로서 역할이 기대되는 고객을 말한다.

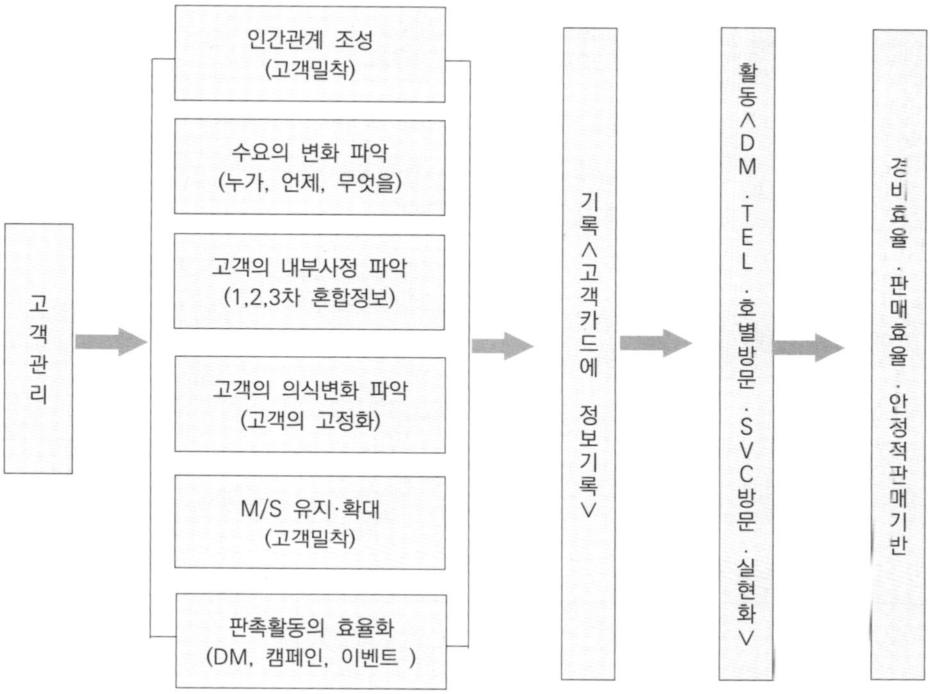

그림 5-1 고객관리의 개요

3) 고객관리의 필요성

생활의 편리성, 안정성에 대한 욕구가 고도화되고, 소비자의 소득수준 및 생활수준이 향상됨에 따라 고객은 고객다운 대접(제품에 대한 정확한 이해요구, 접객태도, SVC, A/S 등)을 받기를 원하게 되었다. 고객은 보다 편리하게 제품을 구입하기를 원하고, 보다 친절한 서비스를 받기를 원하고, 보다 빠르고 만족한 A/S를 원한다.

이러한 마케팅환경의 변화에 따라 미용기업(미용실, 대리점)의 수, 질, 규모도 변화를 거듭하고 있는데, 이런 변화 추세에 부응치 못하는 기업은 내점객(고객)이 당연히 줄어갈 수밖에 없을 뿐만 아니라 찾아오는 고객에게만 판매하는 소극적인 판매방식에 의존해서는 생존의 위험을 받게 된다.

따라서 고객을 직접 찾아 나서고, 특화된 양질의 서비스를 개발·제공하고, 친절하고도 적절한 A/S를 제공하는 등 철저하고도 적극적인 고객관리를 할 필요가 있다.

수요형태의 변화	성장기 수요(신규 수요 중점) 성숙기 수요(대체, 중복, 신혼수요)
판매방법의 변화	무엇을 팔 것인가?(제품, 서비스 위주 판매) 어떻게 팔 것인가?(진다 판매)
구매행동의 변화	소비행동의 단순화 소비행동의 개성화, 다양화, 고도화
소비자욕구의 변화	필수품: 제품/서비스에 대한 만족, 명확한 구매욕구의 단순화 편의품: 정신적 만족추구, 구매욕구의 불명확(잠재화), 욕구의 다양화

그림 5-2 마케팅 환경의 변화

□ 고객관리의 필요성[18)]

① 고객관리를 통한 신규고객의 증가는 고정고객의 증가로 이어진다.
② 현재 미용기술, 서비스의 이용 및 구매율 증가
③ 원가의 절감효과(광고, 판촉비의 절약 유도)
④ 좋은 이미지 확산 효과(구전에 의한 파급효과)
⑤ 경쟁에서 유리하며, 성장과 발전 가능성이 높다.
⑥ 미용기업의 인적자원관리에도 유리
⑦ 매출 및 이익 증가
⑧ 토탈 미용기업으로서의 성장 가능

18) 정훈, 전게서, p.138

2. 고객관리전략

1) 고객관리과정 및 전략

(1) 고객관리과정

미용기업이 어려움을 겪고 있는 현 상황에서는 가장 무서운 힘을 발휘하는 성패의 요인은 바로 '고정고객 확보 수준'이라고 할 수 있다. 고정고객을 확보하고 잘 관리하기 위해서는 사전에 타겟으로 삼을 고정고객의 정보를 수집하고, 어떻게 고정고객을 확보하며, 고정고객을 만들 마케팅력을 구축하는 것이다.

고 정 고 객 화	· 고객관리 인력개발: 담당디자이너 중심의 고객관리 · 경영자 및 직원의 강한 의지 · 컴퓨터를 활용한 고객관리시스템 개발
↓ 고객관리의 데이터 베이스화	· 고객카드를 통한 고객 정보 수집 · 고객확보 전략의 유형 분류 및 방법
↓ 고객관리를 위한 환경 조성	· 고정고객(단골) 만들기 및 형성 · 구전 소개를 통한 인맥 형성
↓ 고객관리 대상 조성	· 고객의 지속적 관심도 증대 · 고객의 세분화 - 차별적 관리
↓ 고객 조직화 형성	· 고객관리 시스템 운영의 노하우 기법 개발 · 고객관리 실태 점검 및 향상 방안 · 고객만족도 조사 분석 - 고객관리 촉진으로 연결

그림 5-3 고객관리과정

(2) 고객관리 전략

다음 7단계를 서로 유기적인 관계로 유지시킬 때 내·외부의 환경, 소비자의 구매 형태의 변화에 대응하여 경쟁력을 확보할 수 있다.

① 제1단계 : 고객정보의 계획적 · 지속적 수집

고객정보는 한 번에 완벽하게 수집할 수 없다. 동일이라 하더라도 욕구의 변화, 생활환경의 변화로 고객의 상태가 수시로 변하기 때문에 계획적인 방법으로 지속적으로 수집해야 한다.

② 제2단계 : 수집된 정보의 기록관리

수집된 정보를 고개카드 또는 고객전산화 프로그램을 통해 기록, 관리하여 자료화(data base)하여야 한다. 데이터베이스를 통하여 정보의 조합이 가능하고, 고객카드의 정보는 활용될 때 그 진가를 발휘할 수 있다.

③ 제3단계 : 신규 고객 개척을 위한 방문계획 수립

현재 우리 회사와 관계를 맺은 적이 없는 고객을 추출하여 관심을 표명하고 인간관계를 조성한다. 방문회수를 증대시키고(3~6회), 기타 판촉활동으로 상호간 이해증진을 도모한다. 그리고 고객욕구 자극 및 판매를 포함한 해결장안을 제시한다.

④ 제4단계 : 기존 고객의 심화

고정고객, 엘리트 고객을 구분, 추출하여 계열화한다. 엘리트 고객과 특수한 관계가 형성되도록 심도 있는 접촉을 계속한다.

⑤ 제5단계 : 계획적이고 지속적인 방문활동

고객의 본질은 도망가고, 전환하고, 잊어버리기 때문에 계획적이고 지속적인 방문활동만이 고정고객을 확보할 수 있는 유일한 수단이다.

⑥ 제6단계 : 계획대비 실적에 대한 정기적 분석 검토

활동실적(시술, 매출, 방문 등)을 정기적으로 분석, 검토하여 성공사례 및 실패원인을 분석·파악한다

⑦ 제7단계 : 시행착오를 토대로 적절한 해결책 강구

실패원인을 토대로 차기활동에 적절한 해결책을 강구하여 동일한 시행착오를 방지한다.

2) 고객카드 작성과 활용

(1) 고객카드의 작성

고객카드를 작성하기 위해서는 먼저 체계적인 고객정보의 관리가 선행되어야 한다. 고객 없이는 미용기업이 번영할 수도 없고 존재할 수도 없기 때문에 고객정보는 미용기업의 제1의 재산이다. 그러므로 고객카드에 기록하는 습관을 가지고 고객과의 점진적이면서도 꾸준한 밀착관계를 형성하여야 대체, 중복, 신규수요를 발굴해 나갈 수 있다.

고객정보는 접촉이나 방문을 거듭해 가는 가운데 서서히 정비를 해감으로써 충실을 기해야지 한 번에 많은 양의 정보를 파악하려고 하는 것은 오히려 고객에게 좋지 않는 인상을 남기게 됨으로 주의하여야 한다.

□ 고객정보의 분류

① 1차 정보 : 가구 및 생활정보

고객카드에 없어서는 안 될 기본사항으로 고객 No, 성명, 주소, 전화번호, 휴대전화번호, e-mail주소 등. DM을 보낼 경우 주소를 참고하여야 하므로 정확한 주소를 기재하여야 한다. 미용 관련 정보를 많은 고객에게 신속하게 보내는 경우에는 휴대폰 문자메시지나 e-mail을 활용하도록 한다. 전화번호는 판매활동에 있어서 가장 중요하며, 전화에 의한 방문예약, 제품배달, 방문시 주재 확인 등에 활용한다.

② 2차 정보 : 가족정보

주거 구분(주택, 아파트) 및 규모(평수), 가족사항 중 성명 등

③ 3차 정보 : 시술 및 제품 구입정보

시술(헤어, 메이크업, 피부미용관리, 발관리)의 종류, 금액 및 시술일자, 구입제품의 종류 및 구입일자, 결제수단(현금, 카드, 외상) 등

④ 혼합정보

월수입, 직업, 가족사항의 생년원일 및 직업, 직업, 근무처 등으로 고객과 접촉하면서 고객이 부담을 느끼지 않도록 자연스럽게 대화하는 중에 한 가지씩 한 가지씩 파악하도록 한다. 혼합정보를 통해 고객의 신용상태를 알 수 있다. 또한 생년월일이나 각종 기념일(결혼, 입학, 졸업 등)에 DM이나 꽃 한 송이라도 보내주면 가장 감동을 받을 수 있는 판촉활동이 된다.

(앞면)

고 객 카 드

고객번호:

성　명		성별/나이	(남 , 여) 만　세
주　소			
전　화		휴 대 폰	
E-mail		방문일시	200　년　월　일
방문동기			
가족상황			
주　거	주택, 아파트, 연립, 빌라, 기타(　)		
기　타			

모 발 타 입

□ 중성　□ 건성　□ 지성　□ 복합성

□ 알레르기성　□ 직모　□ 반곱슬　□ 곱슬

모 발 진 단

상　태	□부드럽다 □정상 □강하다	탄 력 성	□있다 □보통 □없다
굵　기	□굵다 □보통 □가늘다	윤　기	□있다 □보통 □없다
수분반응	□발수성 □흡수성	경　험	□생모 □퍼머 □탈색 □부분염색 □전체염색
색　상	□어둡다 □밝다 □중간 □새치	숱	□많다 □보통 □적다
손　상	□지모 □염모 □다공성모 □비듬 □절단모 □표피결손	손상부위	□전체 □머리끝

비 고

(뒷면)

방문 회차	방문일자	시술 및 상담내용	비고	시술자 상담자
1	20 . . .			
2	20 . . .			
3	20 . . .			
4	20 . . .			
5	20 . . .			
6	20 . . .			
7	20 . . .			
8	20 . . .			
9	20 . . .			
10	20 . . .			
11	20 . . .			
12	20 . . .			
13	20 . . .			
14	20 . . .			
15	20 . . .			
16	20 . . .			
17	20 . . .			
18	20 . . .			
19	20 . . .			
20	20 . . .			
21	20 . . .			
22	20 . . .			
23	20 . . .			
24	20 . . .			
25	20 . . .			

(2) 고객카드의 활용

미용기업에서 고객카드를 작성하는 것은 농부가 농사를 짓는 것과 같다. 씨를 뿌리고, 물을 주고, 거름을 주고, 잡초를 뽑아주면서 온갖 정성을 쏟은 다음 결실기를 기다려야 수확을 하는 것처럼 고객에 대한 정보를 수집하고, 서비스(시술 및 제품판매)를 제공해주고, 고객과의 돈독한 인간관계를 유지하여야만 가시적인 성과를 거둘 수 있다.

고객의 수가 많아지면 수많은 고객정보를 다 기억할 수 없기 때문에 수집한 정보를 고개카드에 충실히 기록하여야만 다음과 같이 구체적이고 효과적으로 시술활동 및 판매활동에 활용할 수 있다.

□ 뷰티 미용실 및 피부미용관리실

① 지난 번 스타일 혹은 시술에 대하여 만족하셨는지?
② 두피나 모발 등의 손상 및 질환의 상태는 어떠한지?
③ 어떤 스타일의 헤어 혹은 어떤 시술을 권할 것인지?
④ 다시 내점할 때가 된 것 같은데 전화 한 통을…
⑤ 본인 및 가족을 통한 접촉점을 찾을 수 있는 사건은 없는가?

□ 판매 대리점

① 누구를 만날 것인가?
② 어떻게 무슨 내용을 말할 것인가?
③ 무엇을 팔 것인가?
④ 언제쯤 팔 수 있을까?
⑤ 어떤 서비스를 할 수 있을까?

그리고 고객은 육성 진도에 따라 고객 카드에 표시를 하여 관리를 하는 것도 고객카드 관리에 매우 유용한 방법이다. 특히, 고정고객과 엘리트고객의 구분은 필수적이다. 표시는 카드의 상단 귀퉁이에 칼라를 표시하거나, 색테이프를 부착하여 표시하고 관리하는 등 연구하면 얼마든지 좋은 방법이 나온다.

예) 엘리트고객 : 적색테이프, 고정고객 : 청색테이프

3) 고객유치전략

(1) 서비스를 고객 유치

최고의 서비스(service)는 최고의 기업을 만든다. 진심과 애정 없이 제공하는 서비스는 교감 없는 겉치레에 불과하다. 좋은 서비스란 다섯 가지 감각기관을 심리적 만족상태로 만드는 연출이다. 그러므로 서비스는 이론이 아니라 실천이다. 서비스의 실천은 느낌을 교감하는 정서다. 그러므로 미용종사자들은 용모와 태도, 전화매너, 인사요령, 접객・안내・환송 요령 등을 몸에 베이도록 익혀서 고객에게 마음이 전달될 수 있도록 실천하여야 한다.

표 5-2 감각기관에 따른 서비스 연출[19)]

5감	기 능	서 비 스 연 출
촉각	타인 혹은 어떤 물질의 느낌으로 교감신경을 자극함	악수, 포옹 등의 스킨터치, 물건의 감촉
후각	감각을 일깨워 주고 가장 오랫동안 기억하게 함	청결성, 통풍, 향기
미각	연대감을 조성하고 사교성을 높여줌	식음료의 대접, 맛, 음식물의 온도, 식수의 비치
청각	좋은 소리는 집중력을 개선하고, 안정감을 조성하고, 몰입하게 하며 차분하게 함	BGM(배경음악), 소음차단
시각	모든 감각의 통일(보는 게 믿는 것)	서비스 종사자의 건강미, 실내외 분위기, 배열의 안정감

고객은 헤어스타일만을 시술 받는 것이 아니라 시술에 부수되는 각종 서비스를 함께 제공받는다. 시술 후 발생하는 클레임(불만요소)이나 시술 중에 발생하는 디자이너의 실수에 대한 적절한 대책이 없으면 고객은 등을 돌린다.

헤어 시술에 덧붙여 고객에게 제공할 수 있는 서비스는 겁나게 많다. 외상, 카드 결제 등의 재무적 서비스, 클레임시 재시술, 손상 모발에 대한 트리트먼트 등의 시술적 서비스, 친절과 고객 요구에 신속한 대응 등이 늘 쉽게 꼽을 수 있는 서비스다. 그러나 이 외에도 얼마든지 새로운 서비스를 개발하여 수시로 고객에게 제공한다면 뷰티 미용실에 대한 충성을 유발할 수 있다.

19) 김경덕·황재선, 서비스 경영문화, 학문사, 초판, 2000, p.42

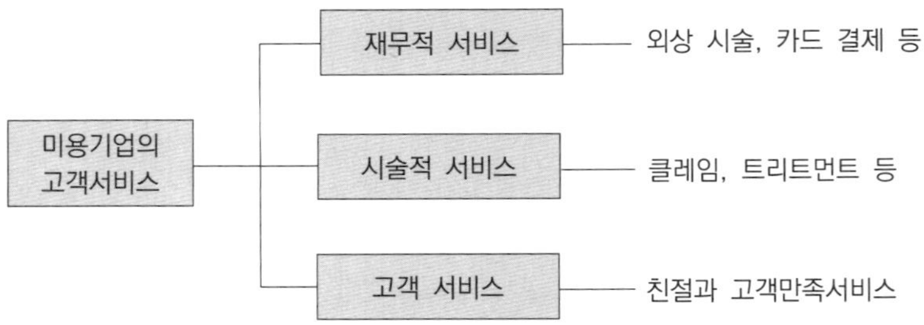

그림 5-4 미용기업의 고객 서비스[20]

표 5-3 뷰티 미용실 서비스 평가표

구분	내용	평가			실적
		A	B	C	
서비스의 기능화	이 미용실(피부관리실)은 쾌적하다				
	이 미용실은 여유가 있다				
	이 미용실은 청결하다				
	이 미용실은 재미가 있다				
	이 미용실은 항상 리듬감이 있다				
	이 미용실은 안심이 된다				
	이 미용실은 항상 편리하다				
	이 미용실은 클레임 처리를 잘 한다				
	이 미용실은 항상 친절하다				
	이 미용실은 스피드 있게 일을 처리한다				
	이 미용실은 퍼머 후 트리트먼트를 서비스해준다				
대인적 서비스	이 미용실의 종업원들은 항상 성의를 다한다				
	이 미용실의 종업원들은 활기가 넘친다				
	이 미용실의 종업원들은 진심으로 환대한다				
	이 미용실의 종업원들은 항상 신선하다				
	이 미용실의 종업원들은 스피드 있게 일을 처리한다				
재무적 서비스	이 미용실은 한 번씩 외상도 해준다				
	이 미용실은 카드를 사용해도 반갑게 맞이해 준다				
서비스의 시스템화	이 미용실은 기념일 등에 꼭 인사카드를 보낸다				
	이 미용실은 컴퓨터로 고객관리를 한다				

20) 자료원: 윤수용, 전게서, p.222

(2) 지속적 이벤트를 통한 고객 유치

이벤트는 온라인 뿐만 아니라 오프라인에서도 매우 중요한 프로모션이다. 지속적인 이벤트는 고객과 미용실간의 친밀도를 증가시키고 커뮤니티를 활성화시킴으로써 고객의 참여를 유도할 뿐만 아니라 고객유치에도 큰 효과를 볼 수 있는 수단이다. 단기성 방문이 아닌 지속적인 방문을 유도할 수 있어 흔히 말하는 '단골고객'으로 우지시키는 전략적 마케팅 방법이라 할 수 있다.

주의할 점은 이벤트를 위해 찾아온 떠돌이 방문자들로 가득하지 않도록 고객 타겟을 잘 설정하고 타겟에 맞추어 특성화된 이벤트 광고 전략을 수립하고 진행해야 한다.

□ 효과적인 이벤트 전략

① 미용실 상품과 관계된 경품을 제공한다. 예를 들어 여름방학을 이용한 여드름 뿌리뽑기 이벤트를 통해 '스킨케어 무료관리권'. '스킨케어 할인권', '여드름 화장품' 등을 경품으로 제공한다.

② 이용자들이 가치를 느낄 수 있는 경품을 제공한다. 참여하는 고객들이 필요로 하지 않는 경품은 무의미하다.

③ 정기적으로 이벤트행사를 실시한다. 고객들이 홈페이지나 미용실에 주기적으로 방문할 수 있도록 주기적인 이벤트를 실시한다.

④ 고객들이 이벤트를 쉽게 즐길 수 있도록 기획한다. 메인화면에서 손쉽게 이벤트를 응모할 수 있어야 하며, 회원가입 메뉴와 연계시켜 시술권 등을 통하 고객들이 직접 미용실에 방문할 수 있도록 기획하는 것이 좋다.

⑤ 이벤트 페이지에 자사의 상품광고를 간결한 메시지로 전달한다. 이벤트를 설명한 페이지는 클릭수가 높아 노출빈도가 크다. 그만큼 광고효과고 크다고 할 수 있지만 지나친 광고나 너무 많은 내용을 담게 되면 지루해서 읽지 않거나 참여도가 낮아 효과를 반감시킨다.

⑥ 고객이 믿을 수 있고 흥미를 느낄 수 있는 이벤트를 실시한다. 신뢰와 흥미는 이벤트의 생명과 같다.

⑦ 당첨자는 홈페이지 메인메뉴를 통해 공지한다. 이벤트나 경품행사에 불신을 가지는 고개들이 많기 때문에 신뢰를 위해 공개적인 절차가 필요하다.

⑧ 당첨자는 개별적으로 E-mail로 통지한다. 자사의 홈페이지를 방문하도록 유도하거나 통신 등을 통해 고객과의 친밀도를 향상시킨다.

⑨ 이벤트 참가자의 리스트를 구축하고 활용한다. 이벤트 참가자는 적극적인 고객이므로 적극 활용하는 것이 좋다.

⑩ 이벤트를 프로모션한다. 아무리 좋은 이벤트를 실시하더라도 홍보가 되지 않으면 무용지물이므로 적극 홍보하여 참여율을 높여야 한다.

4) 고객만족경영

고객만족(customer satisfaction)이란 "고객의 제품에 대한 사전 기대와 구매 후 제품의 지각된 실제 성능을 비교함으로써 나타나는 심리적 상태"로 정의할 수 있다.

따라서 미용기업의 고객만족경영(customer satisfaction management)이란 '미용기업이 소비자가 원하는 욕구(wants)와 요구(needs)가 무엇인가를 먼저 파악하고, 이를 충족시키기 부족함이 없는 미용기술과 서비스를 제공하는 고객제일주의 마케팅'을 말한다. 즉, 고객이 만족하는 경영을 통하여 고객의 만족도와 신뢰도는 향상되고, 미용실은 매출이익의 증대를 얻을 수 있는 경영전략이다.

오늘날 고객은 과거에 비하여 훨씬 다양한 제품과 서비스를 선택할 수 있는 위치에 있다. 만약 고객이 받아들일 수 없는 품질을 제공하게 된다면 고객은 당장 경쟁업체의 제품과 서비스를 선택하게 될 것이다. 설령 현재의 고객이 품질이나 서비스를 만족스럽게 여긴다 할지라도 그 미래 또한 장담하기 힘들다. 왜냐하면 고객들은 보다 양질의 제품과 서비스를 원하기 때문이다.

이처럼 높은 수준의 고객욕구에 대응하기 위하여 '고객만족경영', '고객가치창조', '고객제일주의', '무한책임주의', '고객에게 감동을!', '고객이 ok할 때까지' 등 다양한 슬로건을 내걸고 고객만족을 위한 경영혁신에 혼신의 노력을 기울이고 있다.

□ 고객만족경영의 목적

① 고객만족서비스에 대한 서비스 마인드를 고취한다.
② 현재 미용기업의 서비스 수준을 파악하고 좀 더 나은 서비스 행동을 익힌다.
③ 미용기업 현실에 맞는 진정한 고객서비스, 즉 결정적 고객만족순간을 이해한다.
④ 고객만족을 향상시키는 서비스 상황을 이해한 후 움직이는 교육을 느낀다.
⑤ 서비스의 행동들을 습관화 할 수 있도록 한다.
⑥ 차원 높은 서비스를 연구할 수 있는 분위기를 형성함으로 고급스러운 미용실을 지향한다.

□ 고객을 늘리기 위한 전략

① 충성고객을 확보한다.
② 지역사회에 대한 봉사활동을 통하여 좋은 대인관계를 유지한다.

③ 시자기간을 주변 환경에 맞추어 고려하여 실시한다.
④ 광고 및 주계층에 대한 홍보기획을 세워 실천한다.
⑤ 새로운 프로그램의 개척을 위하여 노력한다.
⑥ 직원들의 친절교육에 힘쓴다.
⑦ 다시 한 번 오고 싶은 마음이 생기도록 최선을 다하는 모습을 보인다.

3. 고객 상담 및 상담기법

1) 고객 상담의 개요

(1) 상담의 의의

상담(counseling)을 정의하기란 쉽지 않다. 상담에 대하여 Richard S. Sharf는 다음과 같이 종합적으로 정의한다.21)

"상담은 상담자와 한 사람 또는 다수의 내담자 간의 상호작용이다. 그 목표는 사고, 정서, 또는 행동과 관계되는 문제를 가진 내담자를 돕는 것이다. 상담자는 내담자로 하여금 기능화를 개선하도록 돕기 위해 상담이론에 대한 자신의 지식을 이용한다. 돕는 일에 대한 상담자의 접근방법은 법률적으로 그리고 윤리적으로 인정받아야 한다."

그러므로 상담이란 쉽게 정의하면 '사람 상호간에 심리적으로 협조하여 개인의 인격 변화를 가져오는 사람들 사이의 깊은 이해' 라고 할 수 있는데, 대화를 나누어 서로의 욕구를 파악하고 그것을 돕는 것을 기본으로 하고 있다.

□ 상담의 특징

① 상담은 내담자의 자발적인 행동의 변화에 영향을 끼치는 것에 관련된 것이다.
② 상담의 목표는 내담자에게 자발적인 변화를 촉진하기 위한 조건을 제공함에 있다.
③ 다른 모든 인간관계와 마찬가지로 제한이 내담자에게 주어진다.
④ 행동변화를 촉진할 수 있는 조건들은 면접을 통하여 제공된다.
⑤ 경청은 상담의 전부는 아닐지라도 그 속에 답이 있다.
⑥ 상담자는 내담자를 이해한다.
⑦ 상담은 사적으로 이루어지며 논의된 내용은 비밀이 유지된다.

21) 문선모, 학생상담 이론과 실제, 양서원, 초판, 2000, p.13

(2) 미용기업에서의 상담

미용기업에서의 상담은 크게 사전상담, 시술 중 상담, 그리고 사후상담으로 나눌 수 있는데, 그 목적은 미용시술을 해주는 기술자(매니저, 디자이너)가 내방한 고객에게 보다 훌륭한 미용기술과 서비스의 제공을 통한 고객만족의 극대화에 있다.

미용상담에 있어서 주의할 점은 상담이나 시술을 통하여 얻어지는 고객의 정보를 그냥 흘러 버리지 말고 고객카드에 꼼꼼히 기록하여 유용하게 활용할 수 있도록 하여야 한다. 다음은 상담과정에 대한 주요 내용이다.

가. 사전 상담

고객이 무엇을 원하는지를 정확하게 파악하기 위해서는 모든 미용기술과 서비스가 주어지기 전에 고객과의 상담이 필요한데, 사전 상담을 하는 가장 큰 이유는 시술 후의 문제점을 최소화함으로 고객만족을 실현하기 위함이다.

고객은 다음과 같은 예처럼 자신이 원하는 미용시술에 대해 많은 궁금증과 불안감을 가질 수 있으므로 미용전문가와 상담을 원한다. 그러므로 고정고객일 경우에는 담당자가 상담을 하면 되지만 신규고객일 경우에는 좀 더 신경을 쓰고 매니저급 미용기술자가 상담을 하는 것이 고객확보 차원에서 효과적이 것이다.

- 시술에 시간은 얼마나 걸릴까?
- 시술을 하는 데 들어가는 비용은 얼마나 될까?
- 나에게 가장 적합한 미용시술은 어떤 것일까?
- 내가 하려는 시술이 정말로 내게 어울릴까?

나. 시술 중 상담

고객과의 상담이 시작되면 미용시술 전에 고객카드를 통해 고객신상 및 시술 조건 등을 먼저 파악한 후 고객이 원하는 미용시술에 대한 상담을 시작하여야 한다. 대부분의 고객은 자신의 머리를 손질하러 미용실을 방문했음에도 불구하고 헤어스타일의 결정이라는 제일 중요한 부분은 미리 생각하지 않고 방문하는 사람이 많다.

그러므로 헤어 디자이너는 이런 고객의 심리와 요구를 빨리 파악하여 시술 중에 제기되는 여러 가지 사항을 고려하여 시술할 수 있는 능력을 길러야 한다.

예를 들어 미용실의 경우 헤어 디자이너는 시술 전에 고객의 두피와 모발에 대한 사전 진단이 있어야 하고, 이전의 시술에 대헤서도 상담을 통해 파악하여야 한다. 또한 모발에 필요한 테스트를 모발관리사를 통해 시행된 후 시술에 들어가면 고객은 감동을 느낄 것이다.

□ 헤어디자이너가 고려해야 할 사항

① 대부분의 고객들은 자신이 어떤 헤어스타일을 가지고 있는지 알지 못한다.
② 고객들은 헤어디자이너의 친절한 상담을 통해 자신에게 어울리는 헤어스타일을 제시받고자 한다.
③ 헤어라인 고객의 헤어스타일에 영향을 준다는 것을 알지 못한다.
④ 상담은 시술 전·중·후 과정 모든 부문에서 행해져야 한다.
⑤ 고객의 스타일에 맞는 것을 권하여, 고객의 신뢰감을 얻도록 노력하며 상담을 진행하도록 한다.

□ 미용실 시술 중 필요한 상담

① **파마**(permanent wave)
- 파마의 목적
- 전 시술에 사용된 파마 약액의 종류, 롯드의 굵기, 시술한 시기
- 모발 두피의 상태에 대한 점검 및 상담
- 원하는 웨이브의 굵기(롯드의 굵기와 파마 약액의 종류 등)
- 파마 시술 전에 시행되어야 할 테스트
  - 다공성 테스트(파마 약액 선택)
  - 탄력성 테스트(파마 시술 적합성)
  - 상반 테스트(전 시술 제품 확인)
  - 컬 테스트(파마의 진행 상태 및 타임 확인)
  - 컨디셔너나 트리트먼트에 의한 전처리, 전시술시 파마 웨이브의 잔류 정도
  - 컬과 웨이브 양의 정도

② **염색**(coloring)/**코팅**(coating)
- 염색/코팅의 목적(흰머리 커버, 멋내기 염색, 재터치 염색, 브릿지 등)
- 원래 모발의 색
- 색상과 명암을 얼마나 올리고 내릴 것인가?
- 모발과 두피의 상태
- 염색 시술 전에 시행되어야 할 테스트
  - 탄성력 테스트(모발상태 평가)
  - 다공성 테스트(칼라의 흡수 능력 평가)
  - 스킨 테스트(스킨트러블 파악)
  - 칼라테스트(고객의 원하는 칼라 파악)

- 상반 테스트(전 시술 제품 확인)
- 머리카락 테스트(칼라의 진행 평가)

③ **커트(cut)와 드레싱(dressing)**

- 전에 커트한 시기
- 모발과 두피의 상태
- 헤어라인의 모양
- 스타일을 선택하기 위해 고려해야 할 요소들
- 스타일의 목적
- 옷의 형태와 색상
- 커트와 드레싱 전에 시술되어야 할 테스트
  - 탄성력 테스트
  - 다공성 테스트(커트 테크닉, 세팅방법 결정)
  - 가는 모발은 모발에 볼륨을 주면서 커트 되어야 한다.
  - 굵은 모발은 테이퍼링(tapering)하여 질감 느낌과 함께 스타일을 보기 좋게 한다.

다. 사후 상담

미용실에서 뿐만 아니라 자기 집으로 돌아갔을 때에도 고객이 감동하고 만족할 수 있도록 시술을 하여야 한다. 가령 고객이 원하는 헤어스타일은 다음에 미용실에 올 때까지 스스로 손질이 편한 스타일이야말로 가장 편하고 아름다운 스타일이라고 해도 과언이 아니다.

그러므로 사후 상담은 매우 중요하다. 시술이 끝나면 고객이 손질하기 편안한 방법을 구체적으로 시연해 보여야 한다. 또한 고객이 궁금해 할 수 있는 사항 중 다음 번 커트, 파마를 언제쯤 하면 될지 끝마무리 도중이나 카운터에서 계산할 때 고객에게 알려주면 더욱 좋다.

□ 고객이 미용실에 바라고 있는 어드바이스

① 어울릴 수 있는 헤어스타일 제안
② 고객 스스로 할 수 있는 헤어스타일의 변형 및 그 방법
③ 집에서 손쉽게 할 수 있는 사후처리 손질법
④ 손상모, 비듬, 피지, 여드름 등에 대한 대책
⑤ 커트, 파마 등에 어울릴 수 있는 코디(옷, 악세서리 등)

(3) 피부미용관리실에서의 상담

피부미용관리사는 여러 종류의 트러블(trouble)에 대처하기 위하여 그 원인을 정확하게 판단하지 않으면 안 된다. 문진에 들어가기 전에 고객카드의 기록사항을 염두에 두고 문진 도중 참고가 될 만한 내용을 기입한다.

□ 트러블에 대한 영향

① 내인(內因): 신체인자, 정신인자, 식품경향
② 외인(外因): 환경인자, 화장품, 손질방법

□ 상담의 질문사항

① 성명, 주소, 전화번호, 연령, 생년월일
② 직업, 환경, 가족 구성, 취미
③ 식생활, 수면, 생리주기
④ 건강상태, 변비, 정신상태(불면증, 우울증 등)
⑤ 화장품 사용, 트러블의 발생 시기, 기타

□ 고객 상담 흐름에 따른 활용 포인트[22)]

① 확인

우선 지난 시술내용과 그 결과를 확인한다. 다음은 '홈 케어 어드바이스'가 실천되고 있는지, 아닌지, 피부를 보고 판단한다. 전에 구입한 상품 등이 있다면 사용방법의 재확인과 사용 느낌을 듣는다. 그리고 "다음에는 OO관리를 받도록 합시다." 라는 사항을 확인시킨다. 또한 내점 기간이 길어지게 되면 어느 정도 내점 기간이 생길지를 고려하여 시술내역을 생각해야 한다.

② 사전 상담

예약내용과 희망사항, 앞으로의 예정을 고려하여 피부의 상태를 체크하고 시술을 결정한다. 시술 후에 집으로 가는지? 외출하는지? 내일 결혼식 참석 등의 여러 가지 상황에 의해 시술과정과 사용될 화장품의 선택이 크게 좌우된다. 고객카드에 기록시 미용실의 상황이 아닌 고객의 입장에 서서 정성을 다해 기입한다.

③ 오늘 시술의 결정

고객의 목적에 맞는 시술과 중점 포인트, 팩의 종류 등을 결정했으면, 고객에게 이

22) 정훈, 전게서, pp.178~179

야기하고 확인한다. 일례를 들면 “오늘은 메이크업의 표현이 잘 되게 하기 위해 모공의 더러움을 충분히 제거한 후 소프트업 효과가 높은 OO팩을 약간 길게 하겠습니다.” 등이다.

④ 시술

시술내용 난에는 특히 이번에 신경을 쓴 내용을 기재한다. 또한 다음 관리할 때 조심해야 할 주의사항을 꼭 기재해 둔다.

ex) 온열 알러지가 있음(스티머는 멀리서).
    치아 치료 중 관리시 주의 요함(오른쪽 볼).

⑤ 결과

시술 중, 시술 전·후의 변화를 시술자가 아니면 알아보지 못하게 기재해 놓는다.

ex) 크린싱 중 피부가 매끈매끈해졌다.
    OO 시술 후 미백효과가 높았다.
    OO팩 후 모공이 작아졌다.
    OO후 염증이 가라앉았다.

⑥ 애프터 상담

시술 직후 베드 위에서 거울을 주어 본인에게 확인시키면서, 어려운 말은 금하고 피부 촉감만을 표현한다. 오늘의 결과와 관련지어 구체적으로 그리고 초점을 축약하여 말한다. 예를 들어 의사가 “3일간 이 약을 드세요.” 라고 말하는 것처럼 “다음 오실 때까지 이 한 병을 다 사용해 주세요.” 라고 기간을 한정해서 말한다.

㉠ 홈케어 어드바이스

이 효과를 유지하기 위해서는 매일의 관리를 어떻게 해야 하는가? 또 다음 방문까지 무엇을 어떻게 해야 하는가를 전한다. 시술의 힘만으로 이렇게 되는 것이 아니라 본래 고객의 피부는 이렇게 하려는 힘을 수반하고 있다는 점을 확인시키며, 언제나 좋은 상태로 유지하기 위한, 진정한 어드바이스를 한다.

예방 미용의 관점에서 현재 피부의 환경과 생활습관에서 가까운 장래에 나타날 수 있는 피부트러블과 노화현상을 미연에 방지하기 위한 어드바이스를 해야 한다. 프로의 눈에서 본 조기발견에 의한 조기 관리 제안은 누구나 안고 있는 “노화”에 대한 불안을 경감시키는 것으로 무엇보다 알고 싶은 부분이다.

“굉장히 곱고 예쁜 피부를 갖고 계시기 때문에 자외선에 의한 건조에는 특히 주의해 주셔야 해요. 주름이 형성되지 않도록 지금부터 OO하시게 되면 안심하실 수 있을 거예요. 피부에 문제가 생기면 다시 좋아지기까지 2배의 시간이 걸립니다."

㉡ 다음 관리 예고

계속성을 갖고 효과를 높이기 위해서 행할 다음 트리트먼트를 예고하자. 고객 자신에게 지금부터 점점 아름다워지는 이미지를 갖게 하여 '홈 케어'도 열심히 계속할 수 있는 마음을 갖게 하기 위한 제안으로는 다음과 같은 말이 큰 영향을 미친다.

"오늘은 OO을 중점적으로 했기 때문에 다음에는 OO를 합시다."

"피부에 부담을 주지 않으면서 OO을 해야 하기 때문에, 앞으로 1개월 정도는 계속 하시면서, 그런 후 결과를 보면서 OO트리트먼트로 바꿔갑시다. 그렇게 하면 피부는 굉장히 안정됩니다."

고객을 위한 코스와 커리큘럼을 짜는 일에 대응해 나가는 것이데, O회 코스, O개월 등 너무 딱딱하게 생각하지 말고 컨디션에 맞추어 약간 멀리까지 제안한다.

"다음은 OO을 준비해 두겠습니다."라고 이쪽의 의지가 전달됨으로서 거절 방지도 된다. 또한 본인도 어느 정도의 빈도로 다니는 것이 보다 효과적일까 알고 싶은 부분이다."

(4) 전화상담과 내방상담

가. 전화상담

전화상담은 얼굴을 보지 않고 목소리만으로 대화를 나누는 것이라는 특징을 생각하면 음성의 고저, 리듬 등으로 상대가 대화에 성의껏 답하는지를 파악할 수 있으며, 성격과 기분 등도 표출된다고 할 수 있다. 그러므로 전화 상담에는 몇 가지의 기본원칙이 필요하다.

① 전화벨이 울림과 동시에 나의 신분을 알린다.
  - '감사합니다. 뷰티프라자 매니저 배영수입니다'

② 음성은 '라' 톤으로 경쾌하고 리듬감 있게 응대한다.
  - 음을 약간 띄운다.
  - 상대의 욕구를 파악할 때는 내가 잘 듣고 있다는 표현을 '아~', '네!', '예!', '그렇게 하도록 하겠습니다' 등으로 성의껏 대답한다.

③ 상대방의 욕구를 충분히 경청 후 그것을 요약하고 명료화하여 환원한다.
  - 한 손은 메모할 준비를 하면서 상대방의 주된 내용을 간결하게 메모
  - 충분히 경청한 후 상대방의 호소 내용을 요약하여 명료화 시킨 후 확인

④ 전화 상담시는 방문상담 할 것을 유도한다.
- 간혹 주변의 경쟁 업소에서 가격탐사 목적으로 전화하는 경우도 있으니 생산적이지 못한 상담에는 응할 필요가 없으므로 명확하고 간략하게 답하고
- 방문시에는 또 다른 혜택(피부무료 측정, 무료네일아트, 사은품 증정 등)을 제공하고 있음을 강조하여 방문을 유도

⑤ 전화는 어떤 것을 보고 했는지를 파악하여 자원으로 활용한다.
- '간판을 보고 전화하셨나요? 아니면 다른 광고물을 보고 전화 주셨나요?'
- 차후 광고를 계획할 때 혹은 아웃테리어 재투자시 간판 등 외벽에 투자를 할지를 경정하는 자원으로 활용 가능
- 만일 현 고객의 권유로 전화를 걸어 왔으면 권유한 고객의 이름을 알고 기억했다가 감사함을 표하여 나 이외에 걸어 다니는 광고 동호인으로 활용

□ 전화응대 마음가짐

① 언어사용은 항상 정중하게 사용한다.
② 수화기를 들기 전 표정과 자세를 갖춘다.
③ 수화기에 소음이 들어가지 않도록 신경 쓴다.
④ 음성의 높이와 크기에 주의한다.
⑤ 찾아보는 데 시간이 걸릴 경우는 양해를 구하고 일단 끊은 뒤 다시 걸어 드린다.
⑥ 전화 연결시 상대가 같은 말을 되풀이 하지 않도록 한다.
⑦ 고객이 눈앞에 있는 걸과 같이 대한다.

□ 전화통화 중의 태도

① 고객과 대면하고 있다는 생각으로 대화한다. 인사의 말을 할 때 등 역시 머리를 숙인다는 마음씨가 필요하다. 그러한 태도는 고객에게 전달되는 법이다.
② 고객의 이름을 가급적 많이 부른다.
③ 고객의 목소리가 잘 안 들릴 경우에는 '전화소리가 잘 안 들립니다만' 하고 그 취지를 전한다.
④ 발음은 똑똑히 한다. 면담할 때라면 고객의 얼굴이나 입모습을 볼 수 없기 때문에 그 나름대로 말을 이해할 수가 있다. 그러나 전화의 경우에는 얼굴도 볼 수 없기 때문에 정확히 발음하는 것이 바른 태도다.
⑤ 알기 어려운 말(외래어, 전문용어 등)은 되도록 피한다.
⑥ 오래 기다리게 할 때는 다른 소리가 들어가지 못하도록 송화통을 손으로 막는다.
⑦ 자료 준비 등으로 오래 기다리게 할 경우에는 이쪽에서 다시 건다

나. 내방상담(방문상담)

내방상담(내방) 즉 방문 고객과 상담할 적에는 구매심리와 상담의 단계를 철저히 연구한 후 상담에 응하도록 하여야 한다. 상담자는 자신감을 갖고 명확하게 말하되, 고객의 입장이 되어서 먼저 듣고 나중에 말함으로 고객이 편안한 가운데 의사결정을 하도록 유도해야 한다.

내방상담에 있어 주의할 점은 고객이 문제로 여기지 않는 것은 새삼 문제시하면 안 된다는 점이다. 예를 들면, 고객이 여드름이 있으면서 기미가 있다고 가정할 때 고객은 여드름은 고민이 되지만 기미는 별로 심각하게 생각하지 않는다면 여드름은 상담의 대상이 되지만 기미는 아니라는 것이다. 물론 이 고객은 기미 관리를 권할 수 있는 잠재고객이지만 우선은 여드름만을 해결점으로 제시한다는 것이다.

접 근	·호감가는 접객(방문 ·흥미있는 화제(날씨, 뉴스, 취미, 신제품정보 등)
설 명	·시술이나 제품의 효용가치 ·고객이 관심 있어 하는 급소의 집중 공략
저항배제	·시술이나 구입을 망설이는 이유를 알아내어 설득 ·온갖 수단과 연출로 설득(대처할 화법 터득)
상담체결	·시술 및 제품판매 ·결제(현금, 카드, 외상) 및 A/S(에프터서비스)

그림 5-5 방문상담의 단계별 내용

□ 해결중심기법의 상담 원칙[23)]

① 손님의 문제, 원하는 것 엿보기 : 관리사는 커다란 열린 귀를 갖고 있어야 한다.

② 문제발생 원인 파악 : 관리사는 큰 문과 충분한 지각을 갖고 있어야 한다.

③ 대안 제시 : 관리사는 충분한 지식과 기술을 갖는 전문가여야 한다.

23) 해결중심 상담방법에서 중요한 점은 〈Here and Now〉라는 고객이 자신의 둔제 지각만을 돕도록 하는 새로운 이론을 적용한다.

□ **상담 체결의 요점**

① 조짐과 징후를 재빠르게 판단한다.
② 기분 좋게 끝낸다.
③ 재방문 약속이나 다시 찾아 줄 것을 청한다.
④ 상담중의 약속은 메모한다.

□ **저항배제화법**

① 예스(yes)를 but으로 되받아 치는 법 : "정말 그렇다고 생각합니다." 라고 하면서 고객의 주장을 일단 인정하고, "그러나…" 하면서 이쪽에서 말할 점을 주장하는 방법
② 다른 시술(구입)의 예 혹은 다른 사용의 예를 드는 법 : 사례를 들어 반대나 거절에 대항하는 방법
③ 질문으로 대항해 나가는 방법 : 고객의 반대 이유에 "어째서 그렇습니까?" 하고 질문을 던져보는 방법. 너무 집요하게 하지 말 것. 고객의 감정을 상하게 하는 것은 절대 금물
④ 화제를 관계없는 방향으로 이끌어가는 방법 : 고객의 저항에 직접적으로 대처해 나가는 것이 아니라 그 저항과는 다른 방향으로 말머리를 돌리는 방법

2) 고객상담기법

모든 고객들은 자신들만의 스타일(style)을 갖고 있고 고객들이 당신에게 현재 보이는 모습이 친구, 가족, 심지어 다른 서비스업 종사자를 대할 때와 전혀 다를 수 있다. 우수한 기술도 중요하지만 클레임(claim)에 대해 친절하게 문제해결책을 제시해주어야 고객의 신뢰감을 얻을 수 있다.

(1) 미용실 고객 유형에 따른 상담기법[24)]

① 신중한 고객

□ **고객특성**

- 시술 내용에 대하여 질문을 많이 한다.
- 헤어스타일 선정시 망설임이 많다.

---

24) 윤수용, 전게서, p.83

□ 상담방법

- 당황하지 않고 질문에 성의껏 답한다.
- 사례나 타고객의 반응을 예로 들어 추가 설명한다.
- 혼자 생각할 수 있는 시간적 여유를 준다.

② 급한 성격의 고객

□ 고객특성

- "빨리 빨리!" 재촉이 심하다.
- 의자에 앉아 기다리지 못하고 다른 고객을 시술하는 사이에 끼어든다.
- 시술의자에 바로 앉는다.
- 심지어는 "이렇게 하라, 저렇게 하라" 간섭까지 한다.
- 헤어스타일에 대한 요구를 이것저것 한꺼번에 많이 한다.
- 질문이 많고 짧다.
- 빨리 헤어스타일을 결정해 버린다. 그러나 번복 가능성도 높다.

□ 상담방법

- 정중함보다 신속함을 보여 준다.
- 동작뿐만 아니라 "네, 빨리 처리하여 드리겠습니다." 등의 표현이 반드시 필요하다.
- 다른 고객에 대해 양해의 말이 반드시 필요하다(감정의 전이).
- 늦어질 때는 사유를 분명히 말하고 양해를 구한다.
- 시술 내용에 대하여는 반드시 추가 설명을 한다.

※ 삼갈 표현
- 언짢은 내색을 보이거나 원리원칙만을 내세우지 않는다.
- "글쎄요?" "아마…." "저…." 하는 식의 애매한 표현을 삼간다.

③ 의심이 많은 고객

□ 고객특성

- 뻔히 알 수 있는 내용임에도 불구하고 질문을 되풀이한다.
- 다른 고객과 비교되길 원한다.
- 다시 오겠다는 경우가 많다.
- 지나친 친절도 때로는 의심을 한다.

□ 상담방법

- 결코 답답해하거나 짜증내지 않는다.
- 의견을 들어주고 시술 내용에 대한 장점을 설명한다.
- 미용이론이나 사진을 근거로 제시하여 설명한다.
- 자신감 있게 설득한다.

> ※ 삼갈 표현
> - "조금 전에 말씀 드렸잖아요"
> - "웬 의심이 그렇게 많으세요?"
> - "어휴 답답해"

④ 신경질적인 고객

□ 고객특성

- 매사에 짜증을 잘 낸다.
- 작은 일에도 민감한 반응을 보인다.

□ 상담방법

- 인내를 가지고 응대한다.
- 말씨나 태도에 주의를 한다.
- 불필요한 대화를 줄이고 신속히 조치한다.

> ※ 삼갈 표현
> - "손님 마음대로 하세요."
> - "알아서 하세요."

⑤ 거만형 고객

□ 고객특성

- 직원의 헤어스타일 설명에 대하여 부정적 반응이 많다.
- 시술금액에는 얽매이지 않는다는 듯이 말한다.
- 다 알고 있다는 듯 설명을 잘 듣지 않는다.
- 자기 자랑이 심하고 거만하다.
- 직원보다 원장에게 접근하려고 한다.

□ 상담방법

- 되도록 정중하게 대한다.
- 고객의 특이사항을 찾아내 칭찬을 해준다.
- 욕구가 충족되도록 추켜 세워준다.
- 의견에 대해 맞장구를 친다.

※ 삼갈 표현
- "다 아시면서 뭘 물어보세요?"

⑥ 온순 · 얌전형 고객

□ 고객특성

- 디자이너에게 정중하게 접근한다.
- 말이 없는 대신 오해도 잘 한다.
- 조금 불만스러운 것이 있어도 내색을 잘 하지 않는다.

□ 상담방법

- 되도록 예의 바르게 응대한다.
- 말씨 하나라도 표현에 주의한다.
- 추가 서비스를 제공할 수 있도록 한다.
- 성의 있게 응대하고 업무처리에 착오가 없도록 주의한다.
- 아무리 바빠도 시선은 반드시 마주치며, "잠시 기다려주세요." 라고 말을 한다.
- 다른 고객을 대하는 모습도 영향을 줄 수 있으므로 언행에 주의한다.

⑦ 어린이 동반 고객

□ 고객특성

- 어린이에 대한 관심을 고객 자신에 대한 관심으로 여긴다.
- 자녀가 우상(자녀 제일주의)인 경우도 있다.
- 자녀를 꼭 자신이 데리고 다녀할 가정형편에 처한 고객도 있다.

□ 상담방법

- 어린이의 특징을 파악해서 적절한 칭찬을 한다.
- 울거나 칭얼거릴 때 윽박지를 것이 아니라 살짝 안아주거나 다독거려준다.
- 어린이를 위해 과자, 사탕, 인형, 풍선 등을 준비하는 것도 효과적이다.

(2) 디자이너의 시술 불만 시 고객 상담기법

가. 고객의 불평과 불만을 처리하는 자세

① 고객의 감정을 발산할 수 있게 해준다.

② 먼저 자신의 입에 자물쇠를 채우고 듣는다.

- 최선의 방책은 침묵을 지키면서 끝까지 듣는 것이다.
- 건성으로 듣거나 좌우를 살피는 등의 불성실하고 부주의한 자세는 피한다.
- 고객의 불평· 불만의 전후 사정 등 전반적인 사항을 이해한다.
- 적극적인 경청의 자세를 취한다.

나. 적극적인 경청의 자세

① 고개를 자주 끄떡인다. 가끔씩 “네, 그렇죠!” 라고 맞장구친다. 시선을 계속 마주친다.

- 고객이 감정을 발산하는 것을 개인적으로 받아들이지 않는다.
- 고객이 감정을 풀 때는 당혹감, 불만, 실망, 분노 등을 표현하고자 하는 것이다.
- 고객의 감정 발산을 개인적인 인신공격으로 받아들이지 않도록 한다.

② 고객에 대한 부정적이 생각이 끼어들지 않도록 해야 한다.

- 부정적인 감정 개입이 생기지 않도록 한다.
- 감정적 표현 및 노출을 피하고 일보 후퇴한다.
- 고객과 싸우기보다는 생각을 바꾼다.
- 고객에게 동감을 표시한다.
- 동감은 언제나 죄송하다고 말하는 것을 의미한다. “죄송합니다.” 라고 말하는 것은 당사자가 잘못을 저질렀다는 것을 의미하지는 않는다. 고객이 좋지 않은 경험을 하게 된 점에 대해 진심으로 사과한다는 뜻을 전달하는 것이다.

다. 동감을 표시하는 말들

① 저도 왜 그렇게 느끼시는지 알겠습니다.

② 무슨 말씀을 하시는지 압니다.

③ 이 일로 얼마나 화가 나셨을지 이해합니다.

④ 정말 뭐라 말씀 드려야 할지 모를 정도로 면목이 없습니다.

라. 고객의 불평 불만처리 단계

① 사유를 듣는다. 끝까지 전부 듣는다. 선입관을 버리고 겸허하게 듣는다.

② 원인을 규명한다. 첫째, 미용 시술적 측면 둘째, 고객 심리적 측면 셋째, 복합적

측면에서 고객이 왜 불평을 하는지 알아낸다.

③ 해결책을 강구한다. 신속한 응대(난도에 따라 대책강구)로서 책임한계를 명확하게 가리며 디자이너의 시술 잘못에 대해서는 예의를 갖춰 시정하고 조기 진화하도록 한다.

④ 클레임 결과 만족 여부를 묻고 고객 반응을 검토한다.

⑤ 피드백 시킨다.

마. 고객의 불평 · 불만 처리시의 유의사항

□ 불평의 원인이 디자이너에게 있는 경우

- 최초 응대가 중요하다.
- 고객의 불만 사유가 정당할 때는 잘못을 솔직히 시인하고 성의 있는 태도를 보인다.
- 말에 앞서 진정으로 미안한 마음과 행동을 보인다.
- 상대방의 입장에 동조하면서 긍정적으로 듣는다.
- 변명은 하지 않고 솔직하게 사과한다.
- 고객의 입장이 되어 성의 있는 태도로 대한다.
- 감정적 표현 및 노출을 피하고 일보 후퇴하여 냉정하게 검토한다.
- 사실 중심으로 명확하게 설명한다.
- 적극적인 자세로 임하고 신속하게 처리한다.

□ 불평의 원인이 고객에게 있는 경우

- 우선 고객의 이야기를 끝까지 경청한다.
- 고객이 말하는 도중에는 절대로 변명하지 않는다.
- 덮어놓고 반격하지 않는다.
- 고객의 이야기는 가능한 한 모두 듣는다.
- 고객의 잘못을 간접적으로 지적한다.
- 고객이 빠져나갈 길을 터주고 자존심이 상하지 않도록 배려한다.

(3) 피부미용관리실의 고객성격에 따른 상담기법

① 피부미용관리 외에 개인적인 문제까지 요구를 많이 하는 고객

고객의 내면적 상태 : 다른 사람에게 기대고 싶어함

대화하는 데 있어서 전문가인 A원장은 새로운 고객이 피부관리에 관한 사항뿐 아니라 개인 신상에 관한 문제까지 해결해달라고 끊임없이 요청을 하자 그만 할 말을 잃었다. 이런 성격의 고객을 만난다면 대부분의 사람은 온몸에 힘이 다 빠질 것이다.

□ 효과적인 상담

- 이런 사람을 다루는 효과적인 기술은 감정조절이다.
- 마음속으로 당신 자신을 고객의 발아래에 두라.
- 고객의 감정에 휩싸이지 말라. 이렇게 한 발 물러나는 능력이 당신으로 하여금 고객의 시각 안에서 흔들리지 않게 유지시켜줄 것이다.
- 그런 다음 고객의 요구를 받아들이고 결론적으로 명확하고 바르게 당신이 그들을 위해 무엇을 할 수 있는지를 말하라.

② 불평 · 불만을 많이 하는 고객

고객의 내면적 상태 : 무엇이든 불충분한 것에 대한 피해의식

이런 고객들의 성격 스타일은 일반적으로 개인적인 문제를 갖고 있는 경우가 많은데, 그들이 가지고 있는 문제는 대체로 다음과 같은 것들이다.

- 가정생활이 불행하다고 생각하거나 그들 자신을 위한 시간이 충분하지 못하다.
- 사치하고 싶은 것을 마음대로 하지 못한다.
- 스스로 외롭고 사랑받지 못한다고 생각을 하고 있다.
- 잘못 결정할까봐 쓸 데 없는 걱정을 많이 한다.
- 고객 본인은 주변으로 인해 늘 스트레스와 피해를 받고 있다고 생각한다.

□ 효과적인 상담

- 고객은 관심을 받지 못한다는 생각에 스스로에게 화를 내고 있다.
- 이들 고객에게 화를 내지 않고 그들의 상황을 이해하고 고객을 존중한다.
- 불만속의 요구사항을 조용하고 침착하게 들음으로써 불평을 진정시킬 수 있다.
- 그들이 동의할 수 있는 그 무엇을 찾는다면 고객의 불평을 잠재울 수 있다.
- 당신이 고객을 이해하고 있음을 알린다면 충실한 고객을 얻을 수 있을 것이다.

③ 무엇이든 간섭하려는 지배하려고 하는 고객

내면적 상태 : 스스로 무능력하다고 느낌

관리사의 전문분야까지 간섭하는 것을 포기하지 않으려고 하는 고객들은 심적으로 복잡한 사람이다. 그들은 스스로를 무능하다고 느끼지만, 이 사실을 부정하고자 마스크를 하고 있는 상황에서 조차 반드시 관리사를 이기려고 한다.

그들은 묘하게도 관리로 인해 순조로운 좋은 결과를 얻는 것을 꺼리며, 이것은 관리를 해주는 전문가인 당신에게는 괴로운 일이다. 그래서 그들은 당신에게서 또는 다른 비겁한 방법으로 이익 되는 무언가를 얻으려고 시도할 것이다. 그들은 스스로나 당신에게 양심적이지 않다는 것을 모르고 있음을 기억하라.

□ 효과적인 상담

- 이와 비슷한 성격을 가진 고객은 가급적 직접적으로 대면하지 않는다.
- 먼저 고객의 욕구불만이 무엇이며 그 크기는 어느 정도인지 체크한다.
- 만약 고객이 분노를 느끼고 있다는 걸 알게 되면 마음을 가라앉힌다.
- 고객과 맞서 싸우거나 상대방의 행동을 감정적으로 받아들이는 것은 금물
- 흥분하지 말고 객관성을 유지하면서 상황을 파악할 때까지 마음을 가라앉힌다.
- 그런 다음 고객이 원하는 것이 무엇인가와 무엇을 해줄 수 있는 가를 질문한다.
- 상대방과 대화할 때 제어를 당하거나 공격을 받는 경우 필요하다면 사과하라.

④ 관리 순서를 꼭 지켜야 하는 강박관념이 강한 고객

내면적 문제 : 혼란하다고 느낌

이런 사람은 자신의 외부 세상을 가능한 한 엄격하고 규칙적으로 지킴으로써 자신이 느끼고 있는 내적인 혼란을 이기려고 하는 강박관념을 갖고 있다. 그러므로 당신이 그들을 위해 만든 관리의 진행순서를 꼭 지킬 것을 끊임없이 요구하는 것이 그들과 당신의 기본적인 관계가 될 것이다.

그들은 반복하여 지시하고, 모든 상황이 원래대로 돌아가길 원할 것이다. 그들은 계속하여 손을 씻거나 장비들이 살균되었는지를 끊임없이 물을 것이다. 이 경우에도 안심하라는 말은 이런 사람에게는 소용없는 말이다. 왜냐하면 이들은 안심이라는 단어를 근본적으로 인정하지 않기 때문이다.

□ 효과적인 상담

- 그들의 걱정을 그저 내버려 두고 신경을 쓰지 않고 할 일을 한다.
- 그들이 잔소리를 계속하면 최선을 다하되 그저 "예"라고 대답한다.

⑤ 모르는 것이 없는 완벽함을 요하는 고객

내면적 문제 : 부정적인 이미지

나는 완벽함을 위해 끊임없이 노력하는 사람을 장군(將軍)이라고 부른다. 군대에서의 오성(五星) 장군을 생각해 보라. 그리고 어떻게 그들이 한 치의 오차도 없고, 아주 작은 실수도 용납하지 않으며, 일을 그르치는 경우도 없는지 생각해 보라. 이런 사람이야말로 가장 엄격한 성격의 소유자라고 할 수 있다. 이런 고객은 자신의 피부와 필요로 하는 관리에 관해 관리사보다 더 잘 안다고 생각하기 때문에 관리사와 경쟁하려고 한다. 그들의 프라이드(pride)는 모르는 것이 없다는 것이다.

□ 효과적인 상담

- 이러한 고객과는 우선 신뢰를 쌓을 수 있는 시간을 가져야 한다.
- 고객에게 겸손 하며 모든 것을 알려고 하는 고객의 태도를 이해한다.
- 그들과 악수를 할 만큼 가까워지더라도 그들을 앞서 가서는 안 된다.

⑥ 잘못된 정보를 주장하여 합리화시키려는 고객

내면적 문제 : 잘 받아들이지 않음

때때로 고객이 자신과 맞지 않는 관리를 원하고 당신이 그 관리를 해주어야 하는 이유를 정당화하려고 할 때가 있다. 당신이 그 관리의 결과를 설명하려 하면 그들은 당신의 생각을 바꾸려 할 것이다. 이것은 그들의 잘 받아들이지 않는다는 내적인 문제로 인해 자신을 관리하려는 것을 방해하고 있다는 사실을 인정하지 않으려는 무의식의 현상이다.

□ 효과적인 상담

- 고객과 대립하려고 하지 말고 그들이 사용한 단어를 똑같이 반복하여 말하라.
- 고객에게 잘못된 관리를 계속할 경우 나타날 수 있는 결과를 나열하라.

다음은 관리사가 고객의 피부 상태에 맞지 않는다고 생각되는 관리를 고객이 원하는 경우를 예로 든 것이다.

고　객 : 오늘 X필링을 하고 싶어요.
관리사 : 예, 오늘 X필링을 하고 싶으시다구요. 왜 그것을 원하시는지 잘 알겠지만요, 사실 XY 때문에 손님의 피부에 해로울 수 있고 XY 결과가 나타날 수도 있습니다.
고　객 : (머리 속으로는 아직도 자신의 생각을 합리화하고 있다) 그런 일이 일어날 것 같지 않고 아무튼 그 관리를 받고 싶은데요.
관리사 : 예, 그런 일이 일어날 것 같지 않고 아무튼 그 관리를 받고 싶으시다구요?
피부에 잡티를 없애고 싶어 하시는 걸 잘 알겠지만요, 사실 XY와 같은 결과가 나타날 확률은 약 90퍼센트입니다.

(4) 상담시 유의해야 할 행동

가. 웃음거리

① 잠궈야 할 단추가 열려 있다.
② 수염을 깍지 않았다.
③ 머리가 헝클어져 있다.
④ 다리미질을 않았든가, 더럽던가, 혹은 그 장소에 어울리지 않는 복장을 하고 있다.

나. 삼가야 할 버릇

① 머리카락을 쓰다듬는다.
② 윗도리의 단추를 잠궜다 끌렀다 한다.
③ 손을 쥐었다 폈다 한다.
④ 의자에 앉아서 몸을 전후로 흔든다.
⑤ 의자에 앉으면서 몸을 이리저리 흔든다.
⑥ 포켓을 이리저리 뒤진다.
⑦ 손을 쳐다본다.
⑧ 발로 마루를 구르거나 그 밖의 다른 동작을 한다.
⑨ 목을 올린다.
⑩ 시계, 반지, 코, 손가락을 이리저리 만진다.
⑪ 끊임없이 「네」라든가 「아니오」라고 끄덕인다.

다. 삼가야 할 자세

① 머리를 옆으로 기울인다.
② 보기 싫게 다리를 놓는다: 한 다리를 다른 다리에 올티거나 한쪽다리로 서는 것 등

③ 앞으로 구부리거나 뒤로 제끼든가 한다.
④ 다리를 너무 벌린다.
⑤ 팔꿈치를 몸에서 떼고 보기 싫게 앞으로 내민다.
⑥ 의자 끝에 앉거나 옆으로 앉는다.
⑦ 무릎 위에 손을 꽉 쥔다.
⑧ 서있을 때 앞으로 쏠리는 자세가 된다.
⑨ 손을 뒤에서 맞쥔다.
⑩ 의자를 붙들고 기대는 것처럼 한다.

라. 삼가야 할 표정

① 상하좌우를 보든지, 고객의 시선을 피한다.
② 고객을 지나치게 응시한다.
③ 곁눈질을 하든지, 얼굴을 찡그리던지, 눈을 깜박이든지 한다.
④ 억지로 웃든지, 일부러 지어낸 것처럼 웃는다.
⑤ 입 끝으로 말한다.

4. 접객관리

1) 접객의 의의

(1) 접객의 개념

접객이란 고객과의 만남과 사귐이다. 늘 설레는 마음으로 애인을 만나듯 고객을 맞이할 때도 고객이 긍정적인 기대를 가지도록 최선을 다해야 한다. 그러므로 서비스 종사자의 표정, 행동, 말씨, 제스처 등은 모두 하나의 통일된 일체감을 이루어야 한다.

□ 접객을 위한 고객에 대한 인식

① 월급은 사장이 주는 것이 아니라 손님이 주는 것이다.
② 손님이 없다면 우리도 없다. 따라서 손님에게 친절해야 한다.
③ 손님은 왕이 아니라 신이다.
④ 큰 소리로 인사해라. 손님이 갈 때는 더 큰 소리로 인사해라.
⑤ 항상 웃어라. 그대들이 웃으므로 손님도 웃고 가게 전체가 활기차진다.

⑥ 손님이 서비스를 탓하면 즉시 개선하라.

(2) 접객의 중요성

서비스는 결과물의 가치다. 다시 말하면 우리는 가치 전달자로서 고객과 만나는 15초간이 중요하다. 즉 태도, 말씨, 자세, 대응신속성, 배려적극성, 책임감이 중요하다. 이는 고객이 첫 이미지를 결정하는 소중한 순간이다. 첫 느낌의 핵심적인 요소는 '스마일(smile)'이다.

① 접객은 내방고객이 계속적인 단골고객이 되는가, 아니면 스쳐 지나가는 뜨내기 고객이 되는가의 결정적인 요인이 될 수 있다.
② 접객은 미용기업의 이미지와 레벨을 결정할 수 있다.
③ 접객 태도에 만족하는 고객의 모습을 보고 근무하는 보람을 얻을 수 있다.
④ 고품질의 접객을 실천하면서 자신의 인격이 향상된다.
⑤ 접객을 통한 고객의 가치창조를 통해 자신의 몸값을 올릴 수 있다.

2) 접객 요령

(1) 고객 맞이

○ 옷맵시를 고치고
○ 일어서서
○ 밝고 부드러운 표정과 상쾌한 목소리로
○ 호칭을 부르며 인사말을 건넨다. 찾아 주심에 감사 혹은 안부 인사.
○ 용건을 말하면 다음과 같은 상황에 맞는 말로 신속, 정확, 친절하게 행한다.
- "잘 알겠습니다."
- "곧 처리해 드리겠습니다."
- "기다리고 계십니다. 제가 안내해 드리겠습니다." 등

□ 주의할 점

- 고객의 복장 등으로 차별한다는 느낌을 주어서는 안 된다.
- 자기신분을 안 밝히고 면담을 요청하거나 누구인지 잘 모르면
  - 내방객(상대방)이 기분 나쁘지 않게 명함을 요청하거나
  - "실례지만 ○○의 ○○이신지요?", "실례지만 어디에서 오신 누구신지요?" 라고 묻는다.
- 찾는 사람이 부재중이거나 위급한 일로 만나지 못할 경우에는

- 대신 정중히 사과하고
- 대리인과 용무를 처리해도 되는지를 확인하고, 전언 등을 받아 둔다.

(2) 안내

○ 방향을 안내할 때는 손바닥을 가지런히 펴서 적당한 속도로 가리킨다.
 - 이 때 손가락이나 턱을 쓰면 절대로 안 됨

○ 안내할 때는 고객보다 1~2보 앞에 서서 안내한다.

○ 엘리베이터를 이용할 때는 고객이 먼저 탑승하고 먼저 내린다.

○ 회전문이나 에스컬레이터의 경우 고객을 먼저 앞세운다.

○ 접견실로 모실 때는 문을 먼저 열어드리고 고객을 입실시킨다.
 - 윗사람 등의 방문으로 안내자가 안내할 경우는 노크 후
 - 먼저 들어가 ○○의 ○○가 오심을 알리고
 - "말씀 나누십시오." 등의 인사말을 건네고
 - 음료나 차 주문 등을 마친 후 나온다.

(3) 명함교환

○ 명함(名銜 carte)은 자기와 상대방의 인격체로 간주하여 두 손으로 공손히 건넨다.
 - 받을 때는 한 손을 받을 손을 바치고
 - 건넬 때는 글씨를 돌리지 않고 상대방이 읽을 수 있도록 한다.

○ 명함을 받아 곧바로 주머니에 넣는다든가 아무렇게나 취급해서는 안 된다.
 - 이런 행위는 상대방에 대한 인격모독!
 - 만지작거리거나, 휘두르고, 책상 위에 던져 놓는 등의 행위는 금물!
 - 탁자 위에 얌전히 올려놓거나 명함 지갑에 소중하게 넣는 모습이 좋다.

(4) 접견

○ 대상자에 따라 상석을 권하거나 마주 앉는다. 본인이 상석에 앉는 건 군림의 자세!

○ 악수할 때는 적당한 압력으로 한다.
 - 손에서 힘을 빼면 건성으로 보이고, 너무 꽉 쥐면 위압감을 준다.

○ 고객에게 사람을 소개할 때는 소개할 사람을 고객에게 먼저 소개한다.

○ 잘 듣고 메모를 하는 것은 상대에 대한 신뢰를 의미한다.

○ 고객 앞에서 전화를 받거나 잠시 자리를 비울 때는 양해를 구한다.
 - 장시간 동안의 전화는 고객에 대한 예의가 아니죠?.

(5) 환송

고객을 맞는 것과 마찬가지로 환송은 그 동안의 과정을 마무리하는 단계로 매우 중요하다. 문밖까지 안내하거나 가급적 엘리베이터를 잡아 태워 드리는 자세는 과정의 신뢰와 함께 섬김을 받는다는 의미를 부여한다.

3) 영업사원의 자세

이야기 순서는 결론을 먼저 말하고 다음에 이유·상황을 설명하여야 하는데, 인상 깊게 말하는 요령은 다음과 같다.

① 웃는 얼굴로
② 천천히 정중하게
③ 똑똑한 목소리로
④ 밝은 음향으로
⑤ 시선은 상대방 입 근처
⑥ 자세를 올바르게
⑦ 이야기 순서를 생각해 둔다.
⑧ 「…입니다.」「…습니다.」가 기본

□ 대화에도 연기를

① 아, 그러세요: 고객의 말에 깊이 감동할 때 눈을 크게 뜨고 '아, 그러세요'
② 입가에 미소를 짓는다. : 고객의 말을 긍정적으로 들을 때, 입가에 미소를 짓는다.
③ 눈을 슬며시 감는다. : 고객이 지나친 요구를 해올 때 눈을 슬며시 감는다.
④ 몸을 내민다. : 이쪽에서 강조하고 싶은 판매 중요점을 말할 때 몸을 내민다.
⑤ 음성을 낮추어 말한다. : 진지한 태도를 알리기 위해서는 음성을 낮추어 말한다.
⑥ 밑줄을 그어 빨갛게 한다. : 어떤 대목을 특별히 강조하고자 할 대 목록이나 특장점 등을 빨간색연필로 몇 번이고 밑줄을 그어 빨갛게 한다.

4) 미용기업의 접객 시나리오

(1) 고객 맞을 준비

가. 미용실(Salon)

- 미용실내·외의 청소 및 정리정돈은 잘 되어 있는가?
- 쾌적한 온도로 냉난방이 되어 있는가?
- 불쾌한 냄새(파마약, 염색약)는 나지 않는가?
- 도구, 기구, 기계는 바로 사용할 수 있도록 제 위치에 있는가?
- 간판은 깨끗한 상태를 유지하며, 조명의 점등 상태는 양호하게 관리되고 있는가?
- 미용제품 중 소모성 제품은 가득 채워져 있는가?
- 작동이 안 되는 진기설비, 기구는 없는가?
- 아침·점심·저녁 간 시간대의 분위기에 맞는 음악이 흘러나오는가?

나. 미용사

- 복장, 헤어, 화장, 손톱, 신발 등은 깨끗하게 정리되어 있는가?
- 명찰을 부착하고 있는가?
- 자기의 포지션을 숙지하고 있는가?(미용기업의 입구에 1명은 항상 대기해야 한다.)
- 주인의식을 확실히 갖고 있는가?
- 오늘의 목표를 설정하였는가?

다. 카운터

- 잔돈준비는 되어 잇는가?(새 지폐를 준비하도록 한다.)
- 사무용품(필기도구, 메모지, 전화장부 등)은 구비되어 있는가?
- 미용 카르텔, 회원카드를 체크하고 있는가?
- 전화기 옆에는 미용기업을 안내할 수 있는 명함이 준비되어 있는가?(전화번호, 약도 등)

라. 진열장(Showcase)

- 디스플레이(display)는 가장 이상적으로 되어 있는가?
- 먼지 또는 더렵혀진 곳은 없는가?
- 빠진 제품이나 상품은 없는가?
- 고객에게 필요한 최신 제품이 구비되어 있는가?

- 먼지 또는 더렵혀진 곳은 없는가?
- 빠진 제품이나 상품은 없는가?
- 고객에게 필요한 최신 제품이 구비되어 잇는가?

(2) 고객이 들어온다.

□ 인사말

- "어서 오세요. 감사합니다." 등의 인사가 기계적인 인사가 아니라 진심으로 가슴에서 우러나는 인사가 되도록 해야 한다.
- 밝고 명랑한 뉘앙스를 풍겨야 한다.

□ 태도

- 몸의 정면을 고객에게 향하고, 정중하면서도 상냥하게 고개를 숙인다.
- 접객중일 때는 고객을 향해 가볍게 고개를 숙인다.

□ 타이밍

- 입구에 가장 가까운 사람이 먼저 인사한다.
- 한사람이 인사를 하면 나머지 사람은 바로 합창을 하듯 인사한다.

□ 주의할 점

- "어서 오세요, 비오는 중에도 이렇게 와 주셔서 감사합니다."
- "어서 오세요. 먼 곳에서 와주셔서 감사합니다."
- 무엇보다도 중요한 것은 마음으로부터 우러나는 인사이다.

(3) 물건 또는 옷을 보관할 때

□ 건네는 말

- 다음과 같은 고객을 배려하는 말로 고객의 옷이나 소지품을 받도록 한다.
  - "코트를 보관해 드리겠습니다."
  - "괜찮으시다면 가방을 보관해 드리겠습니다."
  - "귀중품은 없으십니까?"
  - "깨지는 물건은 없으십니까?" 등

□ 태도

- 정성스럽게 받아서 보관하는 것이 중요하다.
- 옷을 보관할 때는 옷깃을 살짝 털며 고급스럽게 보관하도록 한다.

- 보관함에 고객의 물건을 보관하고, 보관번호가 적혀 있는 열쇠를 고객이 보관하도록 드린다. → 분실의 경우를 대비하여 귀중품은 별도 보관

□ **주의할 점**

- 옷 또는 가방을 보관하였다면, 고객이 조금 기다려야 할 것인지 바로 시술에 들어갈 것인지를 고객에게 확실히 안내할 수 있도록 한다.
- 고객이 어떻게 해야 할지 망설이는 순간이 있어서는 절대 안 된다.

(4) 고객의 이름 확인

□ **건네는 말**

- "OO씨 되시죠?", "[죄송합니다만, 성함을 가르쳐 주시겠습니까?" 등의 말을 건넨다.
- 접객에 중요한 것은 고객의 이름을 기억해 주는 일이다. 어떠한 훌륭한 접객보다도 이름을 기억해 주는 일이 접객시의 가장 중요한 포인트가 된다.

□ **태도**

- 고객카드에 체크하기 위하여서만이 아니라 고객에 대하여 잘 알고자 하는 친밀감이 중요하다.

□ **타이밍**

- 옷과 가방을 보관하고 나서 즉시 한다.

□ **주의할 점**

- 고객에 대한 호칭은 "사모님, 고객님, 사장님" 등 존칭을 사용하도록 한다.

(5) 고객이 주문한 시술종목을 확인

□ **건네는 말**

- 오늘은 무엇을 해 드릴까요?

□ **태도**

- '어떠한 주문도 좋습니다. 주문대로 정성을 다해 해드리겠습니다.' 라고 하는 태도가 중요하다.

□ **타이밍**

- 일련의 동작을 재빠르게 행동한다.

□ **주의할 점**

- 잘못 전해 받는 일이 없게끔 고객의 말을 복창(復唱)하도록 한다.

(6) 고객을 잠시 대기하도록 할 경우의 안내

□ **건네는 말**

- "죄송합니다만, 이쪽에서 앉으셔서 조금만 기다려 주시기 바랍니다." 고객이 앉을 위치를 손바닥을 펴서 지정하면서 말을 건넨다.
- "죄송합니다만, 이쪽에서 앉으셔서 O분만 기다려 주시겠습니까?" 등의 말을 건네며 정확하게 대기하는 시간을 제시해 준다.

□ **태도**

- 고객을 기다리도록 하는 행위이기 때문에 더욱 정중하게 대한다.

□ **주의할 점**

- 고객이 시간을 가늠할 수 있도록 대략적인 기다리는 시간을 고객에게 알려준다.
- "얼마나 기다리면 되겠나?" 라는 질문이 고객의 입을 통해서 나와서는 안 된다.
  - 만약 이런 질문을 받고 즉시 대답을 못한다든지
  - "음…"하고 생각하는 시간이 걸린다면 실격이다.

(7) 책 또는 잡지의 제공

□ **건네는 말**

- "읽으실 책을 갖다 드릴까요? 어떤 책이 좋겠습니까? 저희 미용실에는 OO, OO 책이 준비되어 있습니다."

□ **태도**

- 고객이 읽으실 책이 확실히 정해지지 않았다면, 몇 권의 책을 고객 앞에 펼쳐서 고르도록 한다.

□ **타이밍**

- 고객이 대기하고 있을 때는 즉시
- 미용의자에 있을 때
- 고객과의 커뮤니케이션이 끝나면 즉시
- 파마 촉진기 또는 셋팅기 밑에 있을 경우
- 셋트하고 뜨겁지 않은지 확인한 후에

(8) 고객을 의자에 안내

□ **주의**

- 안내하기 전에 앞전 고객의 자취가 남아 잇지 않나 체크한 후 안내한다.

□ **건네는 말**

- "오래 기다리셨습니다.", "이쪽으로 옮겨주시기 바랍니다."

□ **태도**

- 손바닥을 위로 향해서 장소를 가르치며, 미용의자까지 안내한다.
- 고객의 1m앞 좌측(또는 우측)에서 걸으며 고객이 오심을 확인하면서, 등의 전면이 고객에게 바로 보이지 않도록 한다.

□ **주의할 점**

- 꼭 고객 가까이 가서 말을 할 것.
- 멀리서 고객에게 말을 하는 것은 실례되는 행동이다.

(9) 고객의 희망을 물어 본다

□ **포인트**

- 어떠한 희망이라도 듣겠다는 자세가 중요하다.
- 고객이 염려하는 접객은 실격이다.

□ **건네는 말**

- "오늘은 어떻게 해 드릴까요?"
- "어떤 스타일을 원하고 계십니까?"

□ **태도**

- 충분한 커뮤니케이션을 통해서, 고객의 희망을 확실히 인식하는 일이 중요하다.
- 주관적인 판단으로 결정하는 것은 절대금물이다.

□ **타이밍**

- 고객이 의자에 앉고 정리되면 거울을 향해서 듣는다.

□ **주의할 점**

- 커트보를 걸치면서 한다거나 일을 하면서 질문한다면 실례다.
- 너무 깊은 전문용어를 피하고, 프로로써의 솔직한 의견도 섞어가면서, 충분히 커

뮤니케이션을 하는 것이 필요하다.

(10) 기술의 준비

□ **건네는 말**

- "알겠습니다.", "준비하는 동안 조금만 기다려 주십시오."
- "불편하지 않으십니까?"
- "물의 온도는 적당하십니까?" 등

□ **태도**

- 사전에 필요한 재료, 도구는 재빠르게 준비한다.
- 사전에 주문메뉴를 알았다면, 사전에 준비를 해 놓을 일이 중요하다.
- 고객의 신체에 손을 닿게 되면, 가볍게 목례를 한다거나 "실례합니다."라고 말한다.

□ **주의할 점**

- 고객이 미용의자에 앉았을 경우에, 거울 앞이 지저분하다던가, 머리카락이 널려있다든가 또는 셋트대가 정리되어 있지 않다든가 하면 고객에 대한 큰 실례이다.

(11) 헤어스타일이 완성되었다.

□ **포인트**

- 정발제를 뿌리기 전에, 희망 스타일대로 되었는지를 확인한다.

□ **건네는 말**

- "어떠세요, 마음에 드십니까?" 라며 손거울을 건네준다.
- "실례합니다." 라고 말하면서 의자를 돌려준다.

□ **태도**

- "긴 시간 수고하셨습니다. 매우 아름답게 되었습니다." 라고 하는 마음을 갖고 접객을 한다.

□ **주의할 점**

- '어떠한 것이라도 마음에 들지 않는다면 고치겠다.' 라는 자세로 대해야 한다.
- '불만을 가질 이유가 없다. 프로인 내가 좋다고 생각하니깐, 나의 기술을 믿으세요.' 라고 하는 자만적인 대응은 절대금물이다.

(12) 보관했던 옷과 가방을 돌려준다.

□ 건네는 말

- "보관했던 것은 코트와 가방이죠."

□ 태도

- 먼저 보관했던 물품에 이상이 없는 지 확인 후에 돌려준다.

□ 타이밍

- 고객이 카운터에 왔다면, 즉시 "보관품은 OO이죠." 라고 말을 건네어 확인한다.

□ 주의할 점

- 보관 물품을 전부 돌려드렸다면 "이상 없으시죠?" 라고 확인을 해서 체크한다.

(13) 고객이 돌아갈 경우

□ 포인트

- 마지막 단계까지 긴장을 풀어서는 안 된다.

□ 건네는 말

- "대단히 감사합니다.", "또 오십시오."
- "다음 방문까지 기다리겠습니다."
- "다음에도 꼭 방문해 주시기 바랍니다." 등

□ 주의할 점

- 한사람이 "대단히 감사합니다." 라고 말하면, 전원이 바로 인사를 하도록 한다.
- 현관문을 열어드리고 고객이 돌아갈 경우 인사를 하면서 전송한다.
  - "또 오십시오."
  - "다음 방문까지 기다리겠습니다."
  - "다음에도 꼭 방문해 주시기 바랍니다." 등
- 비가 올 경우라면 우산을 펴 드리기도 한다.
- 고객이 현관문을 나가기 전에 고객에게 등을 보이지 않도록 주의해야 한다.
- 고객이 자가용을 타고 온 경우에는 차 문까지 안내를 하며, 주차문제에 어려움을 겪으면 해결하도록 해 준다.

기업관리 이렇게 해라 : 팬텀(PHANTOM)

차별화 된 웹사이트 제작과 기업 관리 솔루션 구축이 기업 운영에 있어 빼놓을 수 없는 핵심 시스템으로 자리 잡고 있다. 실업자가 늘어나는 불안한 경제 상황 속에 효과적인 기업관리를 위한 고객관리, 재고관리, 직원관리, 근태 관리 등을 위한 솔루션 가이드가 필요한 시점이다.

팬텀(Phantom) 대표이사는, "많은 업체들이 창업되고 있으며 수많은 업체들이 폐업되고 있다. 폐업에는 여러 이유가 있겠지만 대부분 중요한 고객관리 및 경영관리를 하지 않은게 가장 큰 이유다.

고객관리 및 경영관리에 대한 중요성은 대표자도 알고 있으나, 시간 부족 및 기타 사정의 이유로 솔루션 도입을 늦추고 있지만 이것은 결국 대표자에게 칼날로 돌아온다. 솔루션에 다른 정확한 경영 관리 및 각 고객에 따른 상세한 관리만이 매출 신장의 지름길임을 알아야 한다."고 말했다.

즉, 단순한 관리가 아닌 보다 상세한 관리를 통해 신규고객을 단골고객으로 만들고 경영 자원관리를 효율적으로 하여 보다 더 원활한 영업활동이 진행될수 있도록 하는 전문 통합관리 솔루션이 필요하다는 얘기다.

기업별 맞춤 관리솔루션으로 고객관리에서 재고관리, 직원관리, 근태관리까지 기업의 성공파트너로 자리 잡은 팬텀(Phantom)은 미용실 관리 프로그램헤어시크와 뷰티샵 관리 프르그램 뷰티시크, 소상공인 고객 관리 프로그램 셀러시크, 스포츠센터 관리 프로그램 스포츠시크, 일반 고객관리 프로그램 클라이언트 시크 등의 전문 경영 관리 솔루션을 제공하고 있는 업체로 기업에서 필요한 전사적 경영 자원 관리부터 고객 관계 관리 프로그램(CRM)까지 진행하고 있다.

현재는 주로 미용업종 고객관리 전문 프로그램을 주력으로 하고 있으며, 헤어샵 고객 관리 솔루션을 판매하는 헤어시크(www.hair.ckk.kr)와, 디테일한 고객관리, 네일아트, 피부관리, 마사지샵 등이 이용가능한 뷰티시크(www.bt.ckk.kr), 모든 매장에서 사용이 가능한 판매전용 셀러시크(www.seller.ckk.kr), 스포츠센터와 수영장 헬스장 등을 운영하는 스포츠시크(www.ft.ckk.kr), 일반 개인이 사용 가능한 일반 고객관리 클라이언트시크(http://client.ckk.kr)를 판매중이다.

특히 팬텀은, 고객사에서 필요로 하는 시스템의 전반적인 소프트웨어 뿐만 아니라 하드웨어의 시스템부분까지 책임지고 문제를 해결하는 프로그램으로 온/오프라인 마케팅과의 연계까지 가능하게 진행되는 것이 특징이다.

PHANTOM(팬텀)의 고객사로 등록이 되면 해당 고객사의 전담 담당자가 배정이 되며, 이 담당자는 팬텀의 시스템 이용의 불편사항이 없게 정기적인 점검부터 고객사가 원하는 기능이나 필요기능을 수시로 체크하여 본사 개발팀으로 요청을 하는 역할을 진행하며, 이 담당자에게 해당 고객사에서 질문을 하게 되면 24시간 내로 답변을 들을 수 있다.

팬텀(http://ckk.kr/) 측에서는, "현재 배달업종 및 기업체 홍보 관련 솔루션을 추가 개발 및 제작 중에 있다. 온라인은 전국으로, 오프라인으로는 부산 지역 및 경남권만 진행되고 있지만, 셀러시크 및 배달시크로 전국적으로 영업망을 확충할 계획이다"라고 포부를 밝혔다.

(자료원 : 동아일보, 2011년 1월 20일자)

제 6 장

미용마케팅

1. 마케팅이란 무엇인가?

1) 마케팅의 의의

마케팅(Marketing)이란 고객만족을 창출하기 위한 기업의 경영활동의 하나다. 구체적으로 말하면 마케팅이란 최종고객들(소비자들)에게 가능한 한 최대한의 경쟁적 비교우위(competitive advantage)[25]를 갖는 가치를 제공해 주기 위해 내부 고객(임직원) 및 외부 고객(유통업체)에게 가치 있는 기업으로 인식되도록 운영하는 활동이라고 할 수 있다.

□ **소비자의 유형**

① 기능형 소비자 : 브랜드에 전혀 관심이 없이 신경을 쓰지 않는 소비자
② 목록형 소비자 : 한 가지 상품에 몇 가지 브랜드를 기억하여 고민하는 소비자
③ 선호형 소비자 : 같은 값이면 자신이 선호하는 브랜드를 선택하는 소비자
④ 열광형 소비자 : 가격에 상관없이 특정 브랜드를 선호하는 소비자

따라서 마케팅은 개인과 조직의 목표를 충족시키는 교환을 창출하기 위하여 아이디어, 제품 및 서비스의 개념정립(제품기획), 촉진, 유통, 가격결정을 계획하고 집행하는 과정이며, 이를 위해 기업내부의 가치생산 고객들과 기업외부의 가치생산 촉진 고객들의 상호작용을 지속적으로 관리하는 것을 말한다.[26]

---

25) 동질적인 제품을 경쟁사보다 값싸게 소비자에게 제공하거나 고가격을 정당화시킬 수 있을 정도로 충분한 편익(benefit)을 제공함으로써 얻게 되는 경쟁사에 대한 강점
26) 오세조·박충환, 마케팅, 박영사, 초판, 1999, p.11

2) 마케팅사고의 변천과정

(1) 생산지향적 사고

"공급은 스스로 수요를 창출한다."

20세기 미국에서 나타난 가장 초기의 마케팅철학으로서 제품 및 서비스의 생산과 유통을 강조하여, 그 효율성을 개선시키는 데 주안점을 두었다. 그러나 생산과 유통의 지나친 강조로 인해 많은 제품이 실패를 경험하였는데, 이는 소비자 욕구를 간과했기 때문이다.

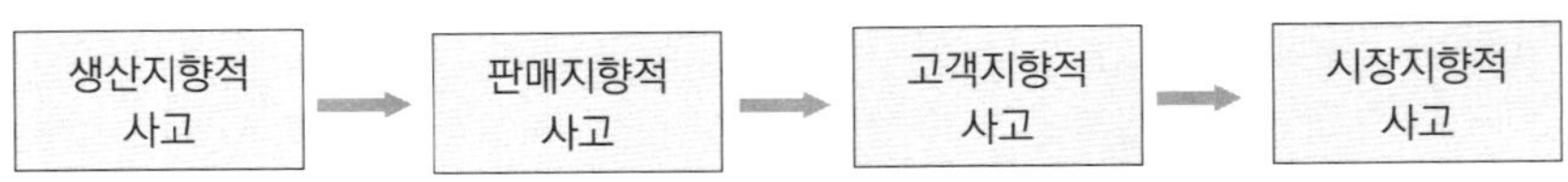

그림 6-1 마케팅사고의 변천과정

(2) 판매(영업)지향적 사고

"우리는 어떤 것이든지 팔 수 있다."

판매지향적 사고의 초점은 에스키모인에게도 냉장고를 팔 듯 판매량을 증가시키기 위한 판매기술의 개선에 있다. 1980년대 이후 생산과 유통에서 강점을 얻은 기업의 관리자들은 판매과정이 기업 활동의 흐름에 약하게 연계되어 있다고 보고 판매에 커다란 관심을 가지게 되었으나 소비자의 욕구와 선호에 대해서는 별로 관심을 기울이지 않았다.

(3) 고객지향적 사고

"고객이 왕이다."

1990년대에 들어와 마케팅관리자들은 고객의 욕구에 대해 깊은 관심을 가지기 시작하였는데, 고객의 욕구에 초점을 맞춘 마케팅지향적 사고는 초기의 사고에 비해 현저한 관리효과를 가져왔다. 그러나 고객에게 너무 초점을 맞춤으로써 소매상 등 다른 주요한 관련 집단을 무시할 수 있다는 비판을 받아 왔다.

이러한 고객지향적 사고는 다음 네 가지 특징을 가진다.

① 고객의 욕구를 이해하고 반응하는 데 초점을 둔다.
② 모든 기업조직의 활동들(생산, 재무, 판매 등)을 고객의 욕구에 부응하도록 통합한다.
③ 고객의 욕구를 충족시킴으로써 모든 목표 - 금전적, 사회적, 인간적 독표를 달성할 수 있다는 것을 강조한다.
④ 고객의 욕구에 부응하는 에 있어 나타나는 사회적 결과에 관심을 가진다.

(4) 시장지향적 사고

기존의 마케팅 사고들이 지니는 취약점을 고려하여 마케팅에 대한 새로운 사고로써 '시장지향적 경영사고'를 제시할 수 있다. 시장지향적 경영사고의 핵심은 고격들을 위한 가치[27]를 극대화하기 위해서는 시장의 다양한 구성요소들의 부가가치를 보다 더 창출하기 위해 상호작용하여야 한다는 것과 그들이 효과적으로 관리되고 이용되어져야 한다는 것이다.

시장지향적 사고는 ① 외부의 사업이나 이익 기회들을 확인하고, ② 시장에 관련된 정보를 기업부서들이나 관련업체들이 쉽게 접근가능하게 하며, ③ 되부의 기회에 대하여 적시에 정확한 방법으로 반응하여 다른 경쟁자들보다 더 큰 가치를 제공할 수 있도록 힘을 모으는 것이다.

3) 마케팅활동의 관리

마케팅활동이 제대로 수행되기 위해서는 마케팅에 대한 계획, 실헝, 실행과정이나 결과의 통제 또는 감사활동이 적절히 이루어져야 한다.

마케팅계획은 마케팅관리활동의 출발점이 되며, 목표의 설정과 목표달성을 위한 전략과 프로그램을 편성하는 일련의 활동으로 구성된다.

마케팅목표는 매출액목표, 고객만족도목표, 비용목표, 이익목표 등 크게 네 가지 유형으로 설정될 수 있다. 한편 마케팅수단이란 마케팅믹스전략과 구체적인 프로그램을 작성하는 것이다. 마케팅믹스 전략은 4P's 라고 불리어지는 제품전략, 가격전략, 촉진전략, 경로(유통)전략 등으로 구성된다.

27) 가치(value)는 고객이 받는 제공물에 관련된 모든 혜택(benefit)과 그와 관련된 비용(cost)의 차이데 의해 결정된다. 이러한 혜택과 비용에는 경제적인 것은 물론 사회적이거나 심리적인 요소들도 포함된다.

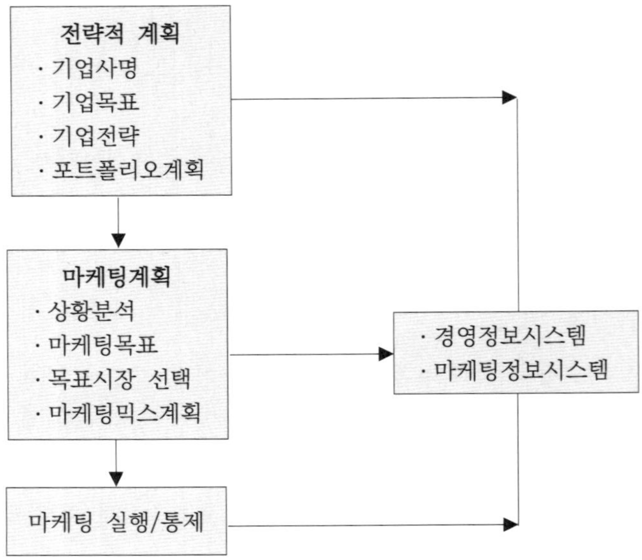

그림 6-2 마케팅활동의 수립과정

마케팅활동의 관리란 곧 '수요의 관리활동(demand management)'이므로 고객의 수요 특성에 따라 〈표 6-1〉과 같이 나눌 수 있다.[28)]

□ 성공적인 마케팅관리 10원칙

① 고객의 욕구만족을 창출해야 한다.
② 구매자의 특성을 제대로 파악해야 한다.
③ 시장을 적절히 세부화해야 한다.
④ 시장점유율을 높이기 위한 노력을 경주해야 한다.
⑤ 신제품의 개발로 제품계열을 확장해야 한다.
⑥ 제품가격을 적절히 설정하고 시장에서 고가품으로 격상시켜야 한다.
⑦ 중간산인들로 구성되는 유통경로의 관리를 충실히 해야 한다.
⑧ 물류관리(physical distribution management) 활동을 제대로 수행해야 한다.
⑨ 제품의 성능이나 기능상의 특징적 요소를 잘 알려야 한다.
⑩ 합리적 마케팅 의사결정을 내리기 위해 마케팅 정보를 충분히 활용해야 한다.

28) 박명호 · 박종무 · 윤만희, 마케팅, 경문사, 초판, 2000, pp.16~17

표 6-1 수요의 특성별 마케팅유형

수요유형	마케팅관리유형	수요의 특성과 마케팅관리 방법
부정적 수요 (negative demand)	전환적 마케팅 (conversional marketing)	특정 상품이나 서비스를 싫어하거나 가능하면 기피하려는 수요상황으로서, 수요에 대한 신념과 태도를 전환시키려는 마케팅활동이 필요하다. 예로서, 생명보험, 예방접종, 치과치료 등이 이에 해당 된다
무관심 수요 (no demand)	자극적 마케팅 (stimulational marketing)	흥미가 없거나 무관심한 수요로서, 잠재고객들의 자연적인 욕구와 관심을 제품의 이점과 연결시킬 수 있는 마케팅노력이 요구된다. 농부들의 신농사기법이나 의사들의 신약에 관한 수요가 이에 해당 한다
잠재적 수요 (latent demand)	개발적 마케팅 (developmental marketing)	현재의 상품이나 서비스로는 만족할 수 없는 잠재된 수요이다. 이러한 잠재수요를 발견하고 충족시키기 위해서는 새로운 상품이나 서비스를 개발하는 마케팅 노력이 요구된다. 예로서, 무공해담배에 대한 수요가 이에 해당 한다
하락수요 (falling demand)	재성장 마케팅 (remarketing)	교회에서의 교인수의 감소나 사립대학에서의 지원자 감소 등과 같이 전반적 인 시장수요가 하락하는 경우인데, 마케팅관리자는 그 원인을 발견하여 수요를 재생시키는 노력을 해야 한다
불규칙 수요 (irregular demand)	동시화 마케팅 (synchro-marketing)	계절별 · 요일별 · 시간대별 수요의 불규칙적인 현상이 나타나는 경우로서, 이 경우 마케팅관리자는 수요의 시간대별 패턴을 변경시켜 수요를 안정시키는 노력이 요구 된다
충분수요 (full demand)	유지 마케팅 (maintenance marketing)	시장수요가 일정수준에 충분히 도달한 경우로서, 마케팅관리자는 현재수준을 계속 유지할 수 있는 마케팅전략을 구사해야 한다
불건전수요 (unwholesome demand)	대항적 마케팅 또는 소멸 마케팅 (counter-marketing)	담배 또는 마약 등과 같은 불건전 수요에 대하여는 그 수요를 포기하도록 하는 마케팅전략이 필요하다
초과수요 (overfull demand)	억제적 마케팅 (demarketing)	조직이 취급할 수 있는 능력 이상의 수요가 발생할 경우에는 그러한 수요를 일시적 또는 영구적으로 줄이는 마케팅활동이 필요하다

2. 미용마케팅 조사

1) 마케팅조사의 의의

기업은 모든 시장을 공략할 순 없기 때문에 시장과 고객, 경쟁자를 분석하여 적당한 세분시장을 공략하기 위한 전략을 짜야 한다. 마케팅 관리자는 바로 이러한 전략에 필요한 마케팅 관련 정보를 수집하여 의사결정을 하게 된다.

마케팅조사(marketing research)란, 회사가 직면하고 있는 마케팅 문제와 관련되 정보를 체계적이고 객관적으로 수집 · 분석 · 보고하는 일련의 활동을 말한다. 다시 말하면 마케팅조사는 마케팅 문제와 관련이 있는 사실들을 찾아내고 분석하며, 선택 가능한 대안을 제시함으로써 마케팅 의사결정을 돕는 역할을 한다.

2) 마케팅조사과정

마케팅조사과정(marketing research process)은 ① 문제의 정의, ② 조사 설계, ③ 자료 수집, ④ 자료 분석 및 보고서 작성 등 4단계로 나눌 수 있다.

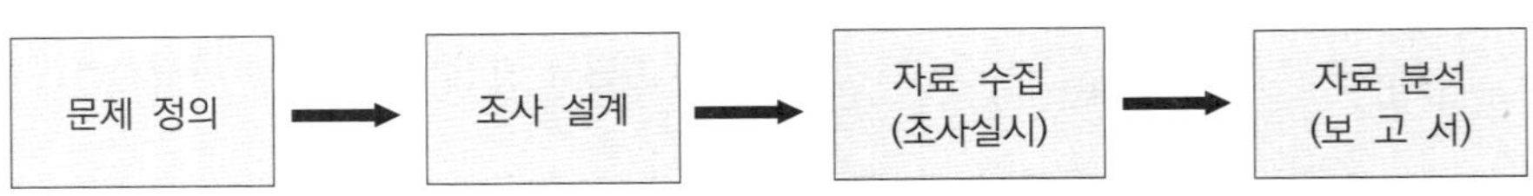

그림 6-3 마케팅조사과정의 단계

(1) 문제의 정의

마케팅조사의 첫 단계에서 가장 중요한 것은 문제를 정확하고 분명하게 인식하는 것이다. '현재 우리 미용실이 무엇이 문제인가?'를 확실히 하는 것을 말한다. 이를 위해서는 보다 객관적으로 문제의 실상을 파악하여야 하는데, 경우에 따라서는 전문가로부터 컨설팅을 받는 것도 좋은 방법이다.

(2) 조사 설계

문제가 정의되었으면 그 문제를 해결하기 위해서 필요한 정보를 얻어야 한다. 이를 위해서는 문제를 해결하기 위해 필요한 정보가 무엇인가를 파악하고, 또 그 정보를 효율적으로 수집할 수 있는 방안을 세워야 하는데, 이를 조사 설계 혹은 조사 계획의 수립이라고 한다. 조사 설계(research design)는 조사연구를 지휘하는 총체적 계획을 말하는데, 그 결과가 신뢰성(reliability)과 타당성(validity)을 갖도록 설계되어야 한다.

□ 구체적 정보를 구하기 위한 조사방법

① 탐색적 조사(exploratory study) : 마케팅관리자가 문제에 대해 더 많은 정보를 필요로 할 때 실시하는데, 광범위한 문제점을 밝히고, 구체적인 가설을 개발하는 데 유익하다.

가설(hypothesis)은 두 개 또는 그 이상의 변수들이 어떻게 연관되어 있는가를 구체적으로 나타내는 문장이다. 변수(variable)는 나이, 태도, 구매행동과 같은 각각의 개념에 값을 부여한 것으로, 그 특성이 갖는 값의 차이를 나타낼 수 있어야 한다.

② 기술적 조사(descriptive study) : 마케팅 관련 주체나 특별한 현상의 특성을 조사할 때 이용되는데, 가설이 구체화 될 수 있도록 문제점에 대한 사전지식과 명확성을 필요로 한다.

③ 인과조사(casual study): 다른 변인들 간의 관계를 조사하는 방법으로 실험적 조사라고도 한다. 만약 'X라는 변인이 Y라는 변인에게 영향을 미친다.' 라는 가설을 설정할 때 조사자는 이를 증명해야만 한다.

(3) 자료 수집

이 단계에서는 문제를 해결하기 위해 필요한 자료를 수집한다. 마케팅조사자는 2차 자료 및 1차 자료 모든 자료를 사용한다. 보통 2차 자료부터 조사하는데, 2차 자료는 1차 자료에 비에 빠르고 저렴한 비용으로 쉽게 얻을 수 있는 장점이 있다.

가. 자료의 종류

① 2차 자료(secondary data) : 다른 목적을 위해 수집되어져 자기 기업 내외에 이미 준비되어 있는 자료(내부자료, 외부자료)

- 기업 내부의 각종 기록 및 모든 통계
- 기업 외부의 각종 기록 및 모든 통계

② 1차 자료(primary data) : 조사자가 현재의 조사 목적을 달성하기 위해 특별히 수집하고 작성한 자료

표 6-2 2차 자료와 1차 자료의 원천

지료구분	원천	자료의 원천
1차 자료	내부	특정인(고객)과의 면담, 종업원 질문
	외부	우편과 전화설문, 개인면담, 관찰, 실험데이터
2차 자료	내부	회계장부, 재고기록, 판매보고서, 고객카드
	외부	통계년감, 정부간행물, 논문, 협회 등 전문기관 발표 자료

나. 자료 수집 방법

자료를 수집 혹은 모집하는 방법으로는 관찰법, 실험법, 질문법이 있다.

① **관찰법**(observational method)

- 관찰법은 자료의 근거가 되는 대상을 놓고 면접과 같은 직접적인 방법을 쓰지 않고 보거나 듣는 감각작용에 의해 자료를 수집하는 방법
- 가장 중요한 것은 관찰대상의 성격이 관찰로 인해 왜곡되지 말아야 한다는 점
- 이 자체가 완전하지 못해서 면접이나 질문지 조사방법과 함께 사용된다.

② **실험법**(experimental method)

- 실험법은 어떤 가상적인 상태를 조작하여 그 상황에서 행태를 관찰하는 방법으로 연구자가 의도적으로 변수를 조작함으로써 그 변수의 영향이 어떻게 나타나는가를 알고자 하는 것이다.
- 실험법은 변수간의 인과관계를 알 수 있는 과학적 방법이다.

③ **질문법**(survey method)

- 질문법은 일정한 대상이나 집단과 직·간접으로 인터부하여 시장 정보를 입수하는 방법으로 질문지 또는 조사표를 사용한다.
- 질문지 또는 조사표(questionnaire)는 원칙적으로 응답자 스스로가 자신의 의견을 기입할 수 있도록 작성된 하나의 조사도구
- 질문지는 조사자가 필요로 하는 연구의 자료를 수집하기 위하여 정리된 여러

개의 문항으로 구성되며, 그 형태도 다양하다.
· 질문지에 표시된 질문의 한도 내에서만 자료의 수집이 가능할 뿐만 아니라 응답자의 외면적 표현에 의존한다는 점에서 관찰법이나 실험법과는 상이하다.
· 질문지에 포함되어 있는 모든 문항은 하나의 변수 내지는 지표의 역할을 한다.
· 질문지를 사용하여 조사하는 방법

㉠ **우편조사**

· 설문지를 피조사자에게 우송하여 기록케 한 후 반송을 받는다.
· 우송시에는 반드시 주소와 반송 우표가 붙은 별도의 봉투를 동봉한다.
· 단점을 보완하기 위하여 인테넷을 이용할 수도 있다.
· 특정의 제한된 응답이 필요한 경우에는 우편 설문이 가장 효과적

□ **장점**

- 조사비용과 노력이 절약된다.
- 표본의 수에 구애받을 필요 없이 광범한 지역을 조사할 수 있다.
- 현지조사원을 고용할 필요가 없다.
- 면접에서와 같은 면접자의 편견이 게재될 우려가 없다.
- 피조사자가 충분한 시간을 갖고 솔직하게 답변할 수 있다.
- 조사가 어려운 사람에 대해 접근이 가능하다.

□ **단점**

- 회수율이 낮고 회수에 시간이 걸린다.
- 주위 사람의 의견이 반영될 염려가 있는 등 통제가 불가능하다.
- 보충 설명의 여지가 없어 피조사자가 오해하고 오기할 염려가 있다.
- 누락된 답변을 보충할 방도가 없다.

㉡ **전화조사**

· 시급한 질문을 하다 보면 질문지가 짜임새가 없을 수 있다.
· 시장에 관한 자료를 가장 신속하게 수집할 수 있는 방법

□ **장점**

- 조사가 간단 · 신속하다.
- 조사비용이 절감된다.
- 조사하기 어려운 사람을 쉽게 접근할 수 있다.
- 무작위 표본추출이 용이하다.

□ **단점**
- 전화 소유자만이 피조사자가 되는 한계가 있다.
- 시간적 제약을 받아 간단한 질문만 해야 한다.
- 지방조사에는 비용이 많이 든다.
- 피조사자가 바뀌어도 확인할 길이 없다.

ⓒ 집합조사

· 일정한 장소에 피조사자를 모아 놓고 질문지를 배포하여 응답을 구하는 방법

□ **장점**
- 조사를 위한 설명을 동시에 할 수 있어 조사조건이 균등해진다.
- 조사원의 수도 적어 비용이 절감된다.
- 시간의 절약과 더불어 조사가 간편하다.

□ **단점**
- 피조사자를 집합시키는 것이 용이하지 않는 경우가 있다.
- 오기(miswrite)를 시정하기 어렵다.
- 피조사자의 수준이 동일하다는 것을 전제로 하는 오류를 범한다.
- 옆 사람으로부터 영향을 받을 가능성이 배제되지 않는다.
- 피조사자에 일당 · 교통비를 지불해야 할 겨우 비용이 많이 든다.

ⓔ 대인면담(interview)

· 면접은 조사자가 알고자 하는 주제에 관하여 자료를 수집하기 위해서 표준화되거나 또는 비표준화된 문항을 가지고 피면접자의 의사를 캐는 일종의 교호작용(interaction)이다.

· 면접의 성패는 면접자의 능력여하에 달린 것이지만, 이보다 더 중요한 것은 피면접자의 수용태도(receptiveness)다.

· 자료를 수집하는 데 융통성이 있으나 시간과 비용이 많이 든다.

□ **장점**
- 자료모집에 있어서 가장 신축성(flexibility)이 있다.
- 응답자가 누군지 알 수 있다.
- 무응답율(non-response)이 일반적으로 낮다.

□ **단점**
- 면접비용이 너무 많이 든다.

- 면접자를 감독하고 통제하는 일이 대단히 어렵다.
- 면접자의 편견이 개입되고 면접자에게 기만당하기 쉽다.

표 6-3 응답자 접촉방법별 장단점 비교

질문특성	우편조사	전화조사	개인면담
비 용	낮다	보통	높다
질문의 융통성	낮다	보통	높다
조사자의 편견	없음	보통	높다
자료수집의 속도	늦다	빠르다	보통
응 답 률	낮다	보통	높다
응답자의 익명	높다	보통	낮다
질문의 양	짧다	보통	길다
지리적 배부	넓다	넓다	좁다

다. 표본추출계획

마케팅조사에서는 전체(모집단)를 대상으로 자료를 수집하기보다는 모집단의 일부만을 표본(sample)으로 선정하여 조사하고, 그 결과를 가지고 특성을 이해하려고 한다. 표본추출과 관련한 의사결정은 다음과 같다.

① 표본단위 : 누구를 대상으로 조사할 것인가?
② 표본크기 : 얼마나 많은 사람을 조사해야 하는가?
③ 표본추출절차 : 응답자를 어떻게 선정하는가?
㉠ 확률적 표본추출
㉡ 비확률적 표본추출

(4) 자료 분석 및 보고서 작성

가. 자료 분석

마케팅조사의 마지막 단계는 수집된 자료를 분석하고, 그 결과를 최고경영자에게 보고한다. 수집된 자료는 편집, 코딩, 통계적 기법을 통하여 분석된다. 자료의 분석을 통하여 그 결과에 대한 의미 있는 해석이 이루어진다. 이 때 동일한 자료도 분석자에 따라 다르게 해서될 수 있으므로 결과의 해석에 주의를 기울여야 한다.

나. 보고서 작성

다음으로 마케팅 조사자는 분석된 결과를 요약하여 최고경영자에게 보고하게 된다. 보고서를 작성할 때는 어려운 수치나 통계기법을 이용하기보다는 최고경영자의 의사결정에 도움이 되도록 실질적인 결과를 제시해야 한다.

3. 미용시장의 세분화

1) 시장세분화의 의의

기업이 제품이나 서비스를 판매할 때 기업이 해야 할 가장 중요한 일 중의 하나는 그들의 잠재적 소비자가 누구인지를 파악하는 것인데, 잠재적 소비자가 되기 위해서는 다음 네 가지 조건을 갖추어야 한다.

① 소비자는 제품이나 서비스의 필요성을 가져야 한다.
② 소비자는 제품이나 서비스를 구매하는데 현재 관심이 있거나 미래에 관심을 가질 것이 틀림없다.
③ 소비자는 제품이나 서비스를 구매할 수 있는 충분한 돈이 있어야 한다.
④ 소비자는 제품이나 서비스를 틀림없이 구매할 것이다.

시장은 다양한 욕구를 가진 소비자들로 구성되어 있다. 그러나 어떤 제품에 대해 구매동기, 기호 및 태도 등이 비슷한 소비자집단이 생길 수 있으며, 이렇게 비슷한 성향을 가진 소비자들을 다른 성향을 가진 소비자들과 분리하여 하나의 집단으로 묶는 과정을 시장세분화(market segment)라 한다. 시장세분화는 시장을 일정한 기준에 따라 몇 개의 동질적인 소비자집단으로 나누어야 한다. 그러므로 세분시장 내에서는 동질성(homogeneity)이 커야 하며, 세분시장 상호간에는 이질성(heterogeneity)이 커야만 바람직한 시장세분화라 할 수 있다.

2) 시장세분화의 효과

시장세분은 모든 기업에게 적용되는 것은 아니다. 이런 전략을 수행하기 전에 마케팅 관리자는 시장세분화의 이점과 불이익을 고려해야 한다.

(1) 시장세분화의 이점

① 기업은 시장세분화를 통하여 각각 세분시장의 독특한 개성에 적합한 마케팅믹스를 고안할 수 있기 때문에 결국 고객만족으로 이끌 수 있다.
② 기업은 시장을 세분함으로써 표적시장을 뚜렷이 설정할 수 있다.
③ 기업은 시장세분화를 통하여 소비자들의 반응을 알 수 있으므로 마케팅 자원을 효율적으로 배분할 수 있다.

(2) 시장세분화의 불이익

① 잘못된 시장세분화 전략은 모든 잠재적 고객을 대상으로 한 전략보다 매출액이 훨씬 줄어들 수 있다.
ex) 기업이 양적으로 충분치 못한 수요를 대상으로 시장을 세분화하는 경우
충분한 구매능력이 없는 수요를 대상으로 시장을 세분화하는 경우
② 잘못된 시장세분화가 비용을 증가시킬 수 있다. 만약 기업이 시장을 세 개로 세분한다면 세 개의 분리된 마케팅믹스를 창출해 내야만 한다. 이것은 더량시장에 제공될 하나의 마케팅믹스를 채택하는 것 보다 훨씬 비용이 많이 든다.
③ 시장세분화가 필요 없는 경우 시장을 세분하면 비용과 시간만 낭비한다.
ex) 두통약 시장을 성별로 세분화하는 경우

3) 시장세분화의 조건 및 기준변수

(1) 시장세분화의 조건

시장세분화가 효과적으로 이루어지기 위해서는 다음과 같은 조건을 갖추어야 한다.
① 측정가능성 : 각 세분시장의 규모와 그 구매력의 측정이 가능해야 한다.
② 접근가능성 : 세분시장에 효과적으로 접근할 수 있는 적절한 수단이 있어야 한다.
③ 규모성 : 세분된 시장은 그 기업에게 충분한 이익을 보장해 줄 수 있을 정도의 규모가 되어야 한다.
④ 차별성 : 각 세분시장은 차별화 된 마케팅 전략 곧 마케팅믹스에 대해 다르게 반응하여야 한다. 즉, 하나의 마케팅믹스 전략에 각각의 세분시장이 서로

다르게 반응이 나타나야 한다.

⑤ 동질성 : 세분시장 내의 소비자 욕구가 동질적이어야 하고, 비슷한 성향을 가지고 있어야 한다.

⑥ 실천성 : 세분시장이 독자적인 별개의 마케팅활동을 실행할 수 있을 정도의 수익성과 가치가 보장되어야 한다.

(2) 시장세분화의 기준변수

① 인구통계적 변수(demographic segmentation)

연령, 성별, 가족수명주기, 소득, 직업, 가족규모, 교육수준, 종교 등

- 시장세분을 위한 기준변수로서 가장 널리 사용된다.
- 이런 자료들은 정부부처, 무역협회, 대학연구소, 기업 등으로부터 얻는다.

② 지리적 변수(demographic segmentation)

미용기업을 방문가능한 거주지역, 인구밀도, 도시의 크기, 기후 등

- 비교적 세분화가 쉽게 이루어지며, 시장에 대한 측정이 용이한다.

③ 심리분석적 변수(demographic segmentation)

사회계층, 라이프스타일, 고객의 개성, 방문동기, 등

- 라이프스타일(life style)은 심리분석적 방법에서 가장 많이 활용된다.
- 심리분석적 방법에서 가장 흔히 사용되는 방법은 AIO분석이다.

□ AIO(activities, interests, opinions) 분석

AIO 분석은 마케팅조사자들이 소비자들의 관심(interest), 의견(opinion) 및 그들이 참여하려고 하는 활동(activity)에 관한 질문을 만들고, 응답자들에게 그 질문에 대해 찬성과 반대를 나타내도록 한다.

표 6-4 AIO 분석을 위한 목록

활 동(activities)	관 심(interests)	의 견(opinions)
일, 취미, 사회활동, 휴가, 오락, 클럽활동, 지역사회활동, 쇼핑, 스포츠	가족, 가정, 직업, 지역사회, 여가활동, 유행, 음식, 매체, 성취	스스로의 의견, 사회적 문제, 정치, 사업, 경제, 교육, 제품, 미래, 문화

④ 행태적 변수(demographic segmentation)

사용량(방문횟수, 방문주기), 상표애호도, 추구효익, 미용요금에 대한 민감도 등

- 사용량(usage rate)이란 제품이나 서비스를 소비자들이 구매하거나 사용하는 빈도로서 다량사용자(heavy user), 소량사용자(light user), 비사용자(non user)로 구분
- 20%의 소비자 집단이 매출액의 80%를 차지하는 현상을 80/20법칙
- 상표애호도(brand loyalty)는 소비자들이 좋아하는 제품나 서비스를 꾸준하게 구매하는 정도
- 소비자들이 추구하고 있는 효익(benefit sought) 즉 미용기술과 서비스를 통해 추구하는 미(美)의 욕구를 찾는 것은 쉽지 않다.

4) 표적시장의 선정

마케팅관리자는 각각의 세분시장을 평가한 후 진입할 가치가 있는 시장 및 범위를 결정하고, 구체적으로 어떤 세분시장을 집중적으로 공략할 것인가를 결정하여야 한다. 다시 말하면 세분시장의 평가를 통하여 하나 이상의 가치 있는 세분시장을 발견하였으면 어느 세분시장에 얼마나 노력을 기울일 것인가를 결정해야만 한다. 이처럼 마케팅관리자가 자신의 마케팅 노력을 특별히 기울이는 집단을 표적시장(target market)이라 한다.

마케팅관리자는 다음과 같은 세 가지 시장전략 중에서 한 가지를 선택할 수 있다.

(1) 비차별적 마케팅전략

비차별적 마케팅(undifferentiated marketing) 전략이란 기업이 세분시장 간의 차이를 무시하고 한 가지 제품을 가지고 전체시장에서 영업활동을 하는 것

이 전략은 소비자욕구의 차이보다는 공통점에 초점을 맞추고 있으며 기업에 서는 대부분의 소비자들에게 호소할 수 있는 제품과 마케팅 프로그램을 설계한다. 이 경우 기업은 대량유통과 대중광고에 의존하며, 사람들의 마음속에 제품의 우수성을 강하게 심어줄 수 있는 이미지를 만들게끔 목표를 세운다.

비차별적 마케팅전략은 원가 면에서 규모의 경제를 가능케 한다. 즉, 제품계열이 축소되어 생산, 재고, 수송비용이 절감될 뿐 아니라 비차별적 광고 프로그램으로 인하여 광고비용도 절감된다. 그러나 모든 소비자들을 만족시키는 한 가지 제품이나 상표를 개

발하기가 쉬운 것만은 아니며, 많은 기업들이 이 전략을 따를 경우에 소비자들의 반발 심리가 작용할 수 있다.

소비자들은 각자 기호가 다르기 때문에 시장에서 동일한 대우를 받게 되면 곧 거래점포를 옮기게 되는 등 민감한 반응을 보인다.

(2) 차별적 마케팅전략

> 차별적 마케팅(differentiated marketing) 전략은 기업이 여러 세분시장을 표적으로 하고 각각의 세분시장에 대해 다른 제품을 제공하는 것

이 전략은 비차별적 마케팅전략을 채택할 때 보다 훨씬 더 많은 매출액을 창출하게 된다. 왜냐하면 여러 상표를 가지고 영업활동을 하기 때문에 하나의 상표로 영업활동을 하는 비차별적 마케팅전략보다 높은 시장점유율을 확보할 수 있다.

그러나 이 전략은 사업운영비의 증가를 가져올 수 있는데, 각 세분시장의 요구사항을 충족시키기 위해 제품을 수정하려면 기술비와 연구개발비 등의 추가적 비용이 소요된다. 또한 각 세분시장에 다른 광고를 함으로써 광고비용의 증가를 가져오게 된다.

따라서 이 전략을 채택할 때는 비용의 증가와 매출액의 증가를 신중하게 검토해야만 한다.

(3) 집중적 마케팅전략

> 집중적 마케팅(concentrated marketing) 전략은 기업의 자원이 제약을 받을 때 대규모 시장에서의 낮은 시장점유율 보다는 한 두 개의 세분시장에서 높은 시장점유율을 추구하려는 것

이 전략을 채택하는 기업은 세분시장의 욕구에 대해 상당히 많이 알고 있으며, 또한 생산, 유통, 광고 등에 전문화되어 있기 때문에 경제성을 누릴 수 있다.

이 전략은 위험도 수반할 수 있는데, 그 이유는 그 기업에서 진입하려는 세분시장이 불리하게 변화할 수 있기 때문이다. 예를 들어 여러 대기업에서 같은 세분시장에 진입할 때 결국에는 많은 마케팅자원을 가진 대기업이 시장을 독점할 가능성이 있다.

4. 마케팅믹스

1) 마케팅믹스의 의의

마케팅믹스(Marketing mix)란 기업이 표적시장에서 원하는 반응을 얻기 위해 사용되는 통제 가능한 마케팅변수의 집합을 뜻한다.[29)]

마케팅관리자는 상호작용을 일으키는 네 가지 기본적인 마케팅 전략수단(4P's: 제품·가격·유통·촉진)을 지니게 되는데, 이들을 결합한 것을 마케팅믹스(Marketing mix)라 한다.

제품(Product : product planning) 가격(Price) 유통경로(Place) 촉진(Prcmotion)

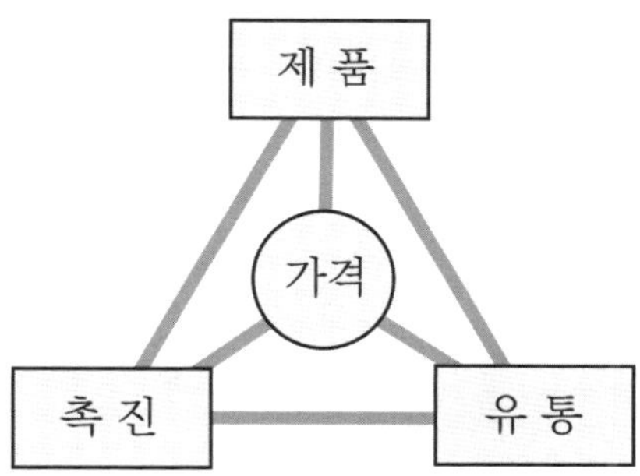

그림 6-4 마케팅 전략구도간의 상호작용

이러한 마케팅믹스들의 결합은 개념전달(개념의사소통 혹은 의사소통)활동과 운영(거래장애 제거)활동의 두 가지 중요한 활동을 수행하도록 설계되어진다.

(1) 개념전달(의사소통) 활동

고객들에게 그들의 욕구 및 선호에 부응하는 제품의 개념을 전달하는 것이다. 이는 고객의 욕구 및 선호도를 확인하고, 이에 부응한다고 인지될 수 있는 상징적 의미를 고객에게 전달하는 기업의 제반활동을 의미한다.

29) 신지용, 현대마케팅, 삼영사, 3판, 2002, p.42

(2) 운영(거래장애 제거) 활동

운영활동은 개념전달활동을 통해 기업제품이 그들의 욕구 및 선호를 충족시킬 수 있다고 지각한 고객들에게 거래나 교환상에 나타나는 장애를 제거해 줌으로써 최소한의 노력으로 거래에 종사할 수 있도록 하는 것이다.

① 장소(제품근접성): 적절한 장소에서 고객들에게 제품과 서비스를 제공하는 활동
② 시간(제품구입가능성 : 적시에 제품이나 서비스를 제공하는 활동
③ 소유(이용가능성) : 제품이나 서비스를 소유하거나 이용하는 데 관련되는 활동
④ 지각(확인성) : 고객들이 원하는 제품의 이름을 기억하기 어려울 때나 혹은 많은 경쟁 제품들 사이에서 해당제품을 찾거나 확인하기 어려울 때 도우미 되는 활동
⑤ 가치(차별적 혜택) : 고객이 제공받는 혜택과 비용 사이의 차이를 없애는 활동

2) 마케팅믹스의 내용

(1) 제품(상품, 서비스)

제품(製品)이란 기업이 표적시장에 제공하는 '상품과 서비스의 총합'을 말하는데, 미용기업의 제품이란 미용기술을 비롯한 무형의 서비스 및 이미지를 말한다.

① 미용기술

고객이 직접 제공받는 미용기술을 말하며, 고객의 만족정도에 따라 제품의 품질 차이가 있다고 볼 수 있다.

② 서비스

무형상품으로 바른 예절, 친절한 태도, 깨끗한 인테리어, 미용정보 제공, 안락한 휴식 공간 등의 서비스를 말한다.

③ 이미지

이미지란 제품에 대해 개인에게 습득된 일련의 연상들을 말하는데, 제품으로서 추상적이긴 하지만 때로는 가장 중요한 제품역할을 하기도 한다. 제품이미지는 그와 관련하여 개인이 연상하는 일련의 느낌과 신념의 집합체다.

(2) 가격

미용기업에서 가격(price)이란 미용기술과 서비스를 받기 위해 지불하는 '미용요금'을 말한다. 일반적으로 서비스에 있어서 가격은 제품의 수요시장에 영향을 줄뿐만 아니

라 기업이 팔고자 하는 제품에 대한 고객의 지표가 된다.

서비스는 무형적이며, 고객은 서비스에 대한 그의 상상에 따라 가격을 상상하게 된다. 그리고 고객의 주관적인 판단과 서비스에 대한 고객의 가치 수준의 서비스 원가 설정상 어려움을 갖게 된다는 점은 부인할 수 없다.

□ **가격전략의 근거**

① 과거의 재정실적
② 서비스에 대한 수요
③ 미용시장에서의 산출가격
④ 경쟁자의 가격
⑤ 이중가격 표시 정책
⑥ 가치에 의한 고객지각의 변화
⑦ 개선된 품질과 서비스에 대한 요금의 정당화

(3) 유통

유통(distribution)은 생산자와 소비자 사이의 장소적 분리(간격)을 메워주는 마케팅 활동으로 수요환기, 정보전달 및 배분의 3대 기능을 가진다. 유통의 형태는 유통업자의 개입여부에 따라 직접유통과 간접유통으로 분류한다.

미용기업의 제품은 유통형태별로 보면 원칙적으로 직접유통의 형태를 취하며, 고객과의 접촉형태면에서 보면 미용기업의 단위 영업장이 있는 곳으로 고객을 흡입하는 '유인형 영업'으로서 상권이 제한되는 '유한 상권 산업'인 동시에 철저한 '입지의존적 산업'으로 위치 자체가 제품의 일부를 구성할 뿐만 아니라 위치 자체가 시장창조력을 지닌다.

미용기업의 입지정책 즉 '위치 마케팅'의 범위는 입지선택, 입지개선, 입지이동, 입지분산을 포함하는데, 미용제품의 경우는 장기적으로는 입지이동과 입지분산이 고려될 수 있지만 단기적으로는 입지개선의 문제만이 고려의 대상이 된다.

따라서 미용제품의 입지믹스의 경우 주된 관심은 입지개선에 있으며, 이 속에 교통편의성(접근성), 주차편의성 및 주변상권의 활용 문제 등이 포함된 것으로 수용하는 것이 바람직하다.

(4) 촉진

판매촉진은 잠재고객에게 상품과 서비스에 관한 정보를 전달하고, 이들 상품과 서비스의 편익을 알리며, 구매활동에 대하여 설득하는 수단과 여러 가지 아이디어를 제공하는 마케팅 관리자의 기구라 할 수 있다.

미용기업의 촉진은 '미용기업을 이용하는 고객과의 양호한 관계를 유지, 양성하면서 기업의 판매력을 계속적으로 증대시키기 위한 판매, 광고, 홍보, 기타 일체의 수요창출을 위한 판매활동'이라고 정의할 수 있다.

미용상품의 효과적인 커뮤니케이션은 구전판촉, DM, 광고와 전단지 등이 있으며 특히 홍보의 가치가 주목된다.

5. 효과적인 고객관리를 위한 마케팅전략

1) 관계마케팅

(1) 고객관계관리의 개요

고객관계관리(Customer Relationship Management)란 고객과 관련된 기업의 내·외부 자료를 분석, 통합하여 고객 특성에 기초한 마케팅활동을 계획하고, 지원하며, 평가하는 과정이다.

CRM은 대중마케팅(Mass Marketing), 세분화마케팅(Segmentation Marketing), 틈새마케팅(Niche marketing)과는 확실하게 구분되는 마케팅 방법론으로 데이터베이스 마케팅(DB marketing)의 Individual Marketing, One-to-One Marketing, Relation Marketing에서 진화된 요소들을 기반으로 등장했다.

(2) CRM의 내용

CRM은 기업의 고객과 관련된 내·외부 자료를 이용하자는 측면은 데이터베이스 마케팅과 성격이 같다고 할 수 있다. 그러나 CRM의 경우 고객의 정보를 취할 수 있는 방법, 즉 고객 접객이 데이터베이스 마케팅에 비해 훨씬 다양하고, 이 다양한 정보의 취득을 전산으로 행한다는 것이다.

CRM은 고객 데이터의 세분화를 실시하여 〈신규고객 획득 → 우수고객 유지 → 고객가치 증진 → 잠재고객 활성화 → 평생고객화〉와 같은 사이클을 통하여 고객을 적극적으로 관리하고, 유도하며, 고객의 가치를 극대화시킬 수 있는 전략을 통하여 마케팅을 실시한다.

(3) 마케팅의 변화과정

마케팅이란 시장에서 관계된 지식을 얻는 프로세스이며, 인간의 행동 양식과 함께하는 살아있는 시대의 산물이므로 더 효율적인 방법으로 변화하게 된다. 한 시대의 마케팅 핵심 관점 및 수행방식의 기본 틀을 마케팅 패러다임(marketing paradigm)라 하는데, 이것은 시간의 흐름을 따라 시대적 특징을 반영하면서 변화하게 된다.

그림 6-5 마케팅의 변화과정

① 대중마케팅

산업혁명 이후 인구 증가 및 교통 발달로 인해 균일 상품을 대량생산하게 됨에 따라 고객 개개인의 요구를 모두 파악하는 것은 불가능하게 되어 시장 전체를 대상으로 균일 상품을 판매하기 위한 마케팅

② 타겟마케팅

2차 세계대전을 거치면서 다양한 제품들을 만들면서 기업간 경쟁이 치열해지게 되었고, 이에 따라 세분화된 특정 시장을 타겟으로 한 제품에 따라 수행하게 된 차별화된 마케팅

③ 관계마케팅

오늘날에는 시장경쟁이 점점 심화되고, 제품이 제품 및 서비스간의 차별성이 감소함에 따라 새로운 고객을 확보하거나 기존 고객을 유지하는 것이 매우 어렵게 되었다. 이에 기업들은 각 고객의 특성을 미리 파악하여 그 고객에 맞는 제품 및 서비스를 제공함으로 기업과 고객 간의 우호적 관계형성을 통한 고객 점유율을 향상시키는 마케팅으로 고객지향적 마케팅이라고도 부른다.

2) 웹마케팅

배너광고는 홈페이지를 홍보하기 위해 일반적으로 가장 많이 사용하는 방법이다. 흔히 검색엔진이나 포탈사이트 등에 비용을 지불하고 배너광고를 게재하는 데 어떠한 방법이 있는지 알아보자.

(1) 유명 사이트에 일정액의 광고료를 지불하면서 게재하는 방법

높은 방문자 수를 가진 검색엔진이나 웹진, 포탈사이트 등의 유명 웹사이트에 배너를 게재하는 방법은 광고 효과가 뛰어나다. 그만큼 투자비용이 많이 들어간다. 검색엔진 배너광고에도 메인 페이지에 광고하는 비용은 상당한 액수지만 특정 키워드의 검색결과가 나타나는 '페이지' 및 '특정 주제의 디렉토리' 등에 광고할 경우에는 비교적 저렴한 가격으로 높은 광고 효과를 거둘 수 있다.

(2) 일반적인 웹사이트에 조건부 배너 게제

일반적인 웹사이트에 Pay Per Click, Pay Per Impression, Pay per Sale 등의 조건으로 배너를 게제하고 클릭, 노출, 상품 판매당 계약된 금액을 제공하는 방법이다. 개인이 운영하는 홈페이지 등을 대상으로 배너광고를 하고, 일정 비용을 각 개별 웹마스터에게 지불하는 방법으로 각 단가는 대행업체마다 또는 광고주의 선택에 따라 달라진다.

- Pay Per Click : 배너 클릭당 비용 지불
- Pay Per Impression : 배너 노출당 비용 지불
- Pay per Sale : 상품 판매당 일정 비용 지불

(3) 특정 타켓을 가지는 홈페이지에 홍보

특정인을 대상으로 하는 홈페이지를 운영하거나 특정 고객을 가진 상품을 판매한다면 일반적인 사이트보다는 서비스하고 있는 아이템과 같은 분야의 정보를 제공하는 사이트에 광고를 하는 것이 효과적이다. 특히 특정한 정보를 주제로 정기적인 컨텐츠를 제공하는 웹진과 같은 경우는 동일한 관심사를 가진 사람들이 모이기 때문에 보다 효과적인 홍보 효과를 거둘 수 있다.

※ 불황기를 이기는 마케팅 격언

1. 경제가 움츠러들었다고 광고를 멈추지 말라.

경쟁사들은 대개 경제 위기를 이유로 광고를 줄이기 마련. 이 때 오히려 광고를 늘리면 시장 점유율 확대에 도움이 된다.

2. 콘텐츠/미디어 사업체들을 적극 활용하라.

요즘처럼 어려운 시기에 온라인이나 오프라인 콘텐츠/미디어 사업체들은 광고 수익을 늘리기 위해 어떤 계약이든 맺으려 혈안이 돼 있는 상태. 이 기회를 잘 살려야 한다.

3. 유명한 성공한 웹사이트를 베껴라.

업계에서 가장 유명한 사람들이 가장 많이 아는 웹사이트를 따라 하는 것이 오히려 사업에 큰 도움이 된다. 사람들은 본래 색다른 모양이나 변화에 거부감을 느끼기 마련이다. 소비자들에게 뭔가를 팔기 위해선 친숙함이 우선시 돼야 한다.

4. 틈새시장은 발견하기 어려운 만큼 큰 보상이 따른다.

틈새시장을 발견하게 되면 호사 마케팅 효율성을 크게 높일 수 있다. 특히 기술 회사의 경우 개발 비용을 한 곳에 집중시켜 큰 비용 효과를 볼 수 있다

5. 회사의 제품/서비스에 있어 독특함을 발견하라.

회사에 다른 경쟁사들과 구분되는 독특한 특징이 있다면 여러분의 회사는 브랜드의 독특함을 창조한 셈이다. 이 독특함을 마케팅의 주제로 삼도록 하라. 소비자들은 회사의 상품이나 서비스가 다른 경쟁사와 어떻게 다른 지 알 권리가 있다.

6. 성공적인 마케팅의 비결은 반복

아마도 현재 대부분의 회사들은 과거 인텔 인사이드(Intel Inside) 방식의 마케팅 전략은 꿈도 꾸지 못할 것이다. 하지만 회사의 메시지를 반복시키면 저렴함 비용으로 회사의 브랜딩 이미지와 시장의 지명도를 강화시킬 수 있다.

7. 회사와 일하기 쉽게 만들어라.

항상 고객이 만족할 만한 서비스와 가격을 제시하도록 하라. 자사의 서비스를 각 고객의 필요성에 따라 유동적으로 맞춤으로서 가격과 서비스에 유연성을 제공할 수 있다.

8. 어려운 시기에 사업을 전환하려 하지 말라.

회사나 개인 모두 평소의 습관을 바꾸는데 큰 어려움을 느낀다. 돈이나 시간, 노력이 많이 들기 때문이다. 회사의 제품과 서비스를 고객의 필요에 맞도록 유연하게 운영하라. 그래서 고객들이 변화를 위해 큰 시간과 돈을 소비하지 않도록 해주어야 한다.

제 7 장

직무분석과 직무명세서

1. 인적자원관리의 개요

1) 인적자원관리의 의의

인적자원관리(human resources management)란 '필요한 인력(man power)'을 확보하고 이들의 능력을 최대한 개발하여 조직의 목표를 달성하고 아울러 개인의 성장과 발전을 위한 관리활동을 말한다. 인적자원관리의 궁극적인 목표는 개인의 목표와 조직의 목표가 동시에 달성되는 방향으로 나아가야 되는 이른바 목표의 통합에 있다고 할 수 있다.

그러므로 미용기업의 인적자원관리는 목표 달성을 위하여 조직이 필요로 하는 인적자원을 확보하고 이들을 개발, 보상, 유지하는 활동을 여러 환경적 조건과 관련하여 계획 · 조직 · 지휘 · 조정 · 통제하는 관리활동이라 할 수 있다.

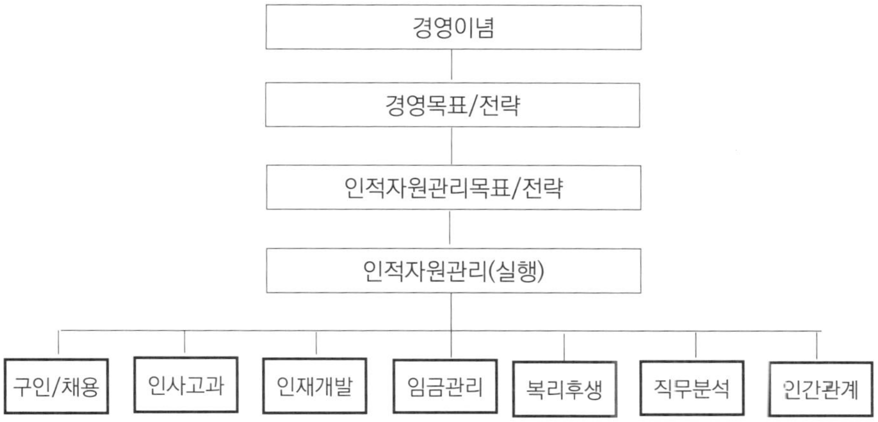

그림 7-1 인적자원관리의 체계

2) 인적자원관리의 과정

인적자원관리는 기본적으로 조직에 유용한 인재를 확보하여 이들을 개발·육성함으로써 조직의 목표달성에 기여함과 아울러 이들이 보람과 긍지를 가지고 일할 수 있도록 하는 과정이다. 이러한 인적자원관리과정에는 인적자원의 계획·확보·개발·보상·유지 등이 포함된다.

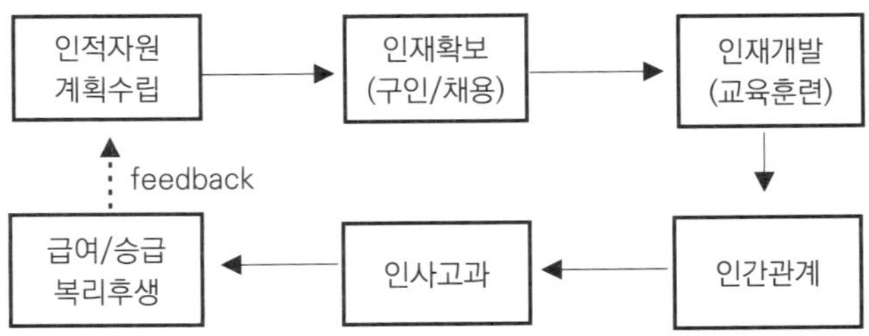

그림 7-2 인적자원관리의 과정

2. 직무분석의 개요

1) 직무분석의 의의

직무분석(job analysis)은 과학적이고 합리적인 인적자원관리의 기초적 정보를 제공하는 것으로 조직의 인력을 과학적이고 합리적으로 관리하기 위해 직무의 내용 또는 요건을 정리·분석하는 과정이다.

여기서 직무(job)란 「과업내용이 비슷한 과업들이 모여 하나의 일의 범위를 형성하는 것」으로 한 개의 직무단위로 하여 직무내용을 분석한다.

□ 미용기업의 직무분석과 관련된 용어

① 직업(occupation) : 여러 조직에서 일정하게 나타나는 유사한 직무의 집단
 예) 미용업, 서비스업 등

② 직군(job family) : 동일하거나 유사한 직무의 집단

예) 헤어 디자이너, 피부 미용사, 메이크업 전문가 등

③ 직무(job) : 직업의 종류와 수준이 유사한 직위들의 집단
예) 디자이너, 스태프, 주니어, 수석 디자이너 등

④ 직위(position) : 특정한 사람에 의해 수행되는 과업군
예) 디자이너나 스태프에 의해 수행되는 모든 시술 작업

⑤ 과업(task) : 특정한 목적으로 행해지는 하나의 명확한 작업 활동
예) 커트를 시술하는 것, 퍼머시 롤을 마는 것, 드라이를 하는 것 등

⑥ 요소(element) : 과업수행시 나눌 수 있는 최소 작업 단위
예) 염색, 퍼머, 드라이, 커트, 올림머리 등

2) 직무분석의 목적

직무분석은 과학적이고 합리적인 인적자원관리의 기초적 정보를 제공하여 활용하기 위한 것으로 그 구체적 목적은 다음과 같다.

① 직무분석은 조직의 업무를 계획적·능률적으로 하기 위한 것으로, 먼저 구성원이 담당할 일을 적절히 배분하고 그 배분된 일의 범위와 책임을 명확히 한다.

② 직무분석을 통하여 얻은 결과를 채용, 배치 이동 및 승진 등의 기초자료로 활용하기 위해서 직무분석이 행해진다.

③ 직무분석은 업무나 작업 활동을 개선하기 위해서 한다. 직무분석을 실시함으로써 업무나 작업의 흐름이 파악되어 이에 대한 표준화가 이루더져 업무나 작업 활동을 체계적·통일적으로 처리 할 수가 있다.

④ 직무분석은 인사고과의 기초 작업이 된다. 즉 인사고과를 적정하게 실시하기 위해서는 각 직무의 내용과 특성 그리고 직무를 수행하는데 필요한 지식이나 숙련 등을 파악해야만 된다.

⑤ 직무분석의 결과는 구성원의 교육·훈련 및 개발의 기준이 된다. 즉 직무분석을 통하여 직무수행에 필요한 지식·기능·능력 등이 파악되므로 이러한 것들은 교육·훈련 및 개발의 기준으로 활용한다.

⑥ 직무분석은 직무급 도입을 위해서는 필요한 기초 작업이다. 직무급은 직무의 상대적 가치에 따라 임금이 결정되는 제도로서 이러한 직무의 상대적 가치는 직무분석을 토대로 직무평가를 통하여 결정될 수 있다.

3) 직무분석 방법

직무분석은 분석의 목적, 업종, 규모 등에 따라 관찰법, 면접법, 질문지법, 경험법, 종합적 방법 등을 사용한다.

① **관찰법(observation method)**

관찰법은 「직무분석자가 직무담당자의 직무수행 상황을 직접 관찰하여 직무의 내용과 성질을 기록하는 방법」이다. 이 방법은 현장에서 일하는 자들의 직무를 분석하는데 가장 적절하며, 면접법이나 질문지법의 보조적 방법으로 이용된다.

② **면접법(interview method)**

면접법은 오늘날 가장 많이 이용하는 방법으로 「직무분석자가 직무담당자와 직접 면담을 통해 직무의 내용, 직무의 성질, 기타 필요한 사항을 청취하여 기록하는 방법」이다. 이 방법은 질문지에 적당히 기입하여 분석하는 폐단을 방지할 수 있고 관찰자가 알 수 없는 정신적 작업과정을 파악할 수 있기 때문에 관리 · 감독업무 · 사무적 업무 등에 이용된다.

③ **질문지법(questionnaire method)**

질문지법은 「직무수행과 관련된 조사항목을 열거한 질문지를 작성한 후 해당 직무담당자에게 배부하여 기입 · 자성하게 하는 방법」이다. 이 방법은 직무에 관계없이 모든 직무에 대해서 사용할 수 있으며 신속하고 경제적이다. 그러나 질문서 작성이 쉽지 않고 구성원의 주관이 개입되기 쉬운 것이 단점이다. 질문지법은 면접법이나 다른 방법과 병행하여 사용하는 것이 바람직하다.

④ **체험법(empirical method)**

체험법은 「직무분석자가 실제로 직무를 경험함으로써 정보를 수집하는 방법」이다. 그러므로 분석자가 직접 체험을 통해서 정보를 얻기 때문에 비교적 정확한 정보를 얻을 수 있다. 그러나 분석자가 사전에 직무에 대한 지식이나 기능을 충분히 습득하여 실제로 직무담당자와 거의 같은 수준이 되지 않는다면 정확성을 상실하게 되고 작업자의 심리상태를 체험하기 어려운 것이 단점으로 지적되고 있다. 따라서 이 방법은 다른 방법을 보완할 목적으로 사용되거나 분석자의 양성과 훈련을 위한 방법으로 사용하는 경우가 많다.

⑤ 종합적 방법(combined method)

종합적 방법은 앞에서 설명한 방법들 중 「두 가지 이상의 방법을 결합하여 직무에 관한 정보를 수집하는 방법」이다. 이 방법은 여러 방법이 가지고 있는 단점들을 제거하고 그 중에서 장점만을 살려 보다 정확한 정보와 자료를 수집할 수 있는 특징을 지니고 있다.

4) 직무분석표

직무분석이 이루어지면 그 결과를 정리 · 보존해야 하는데 이것이 바로 직무분석표로서 이 직무분석표에 의해 직무담당자가 자신의 직무에 대한 성질, 내용, 수행방법 등을 쉽게 파악할 수 있게 된다. 〈표 7-1〉는 직무분석표의 예다.

5) 직무분석의 내용

미용기업의 직무현황을 분석하는 절차는 그 직무에서 수행해야 하는 업무 분석(직무의 속성)과 그 직무의 담당 디자이너에게 요구되는 직무수행의 요건분석(시술자의 속성)으로 이루어진다. 이와 같은 수행업무 분석과 수행요건 분석은 직무분석을 명백히 하는데 필요한 부분이다.

미용기업의 직무분석의 내용을 보면 [그림 7-3]과 같다.

(1) 수행업무 분석

수행업무를 분석하는 것은 개개의 직무에서 수행하고 있는 일들에 대한 사항을 명확하게 하기 위함이다. 이러한 업무분석의 방법들의 이용하여 직무 내용을 파악하려면 누가(Who), 무엇을(How), 왜(Why), 어디서(Where), 언제(When) 직무를 수행했는지를 파악해야 한다.

표 7-1 직무분석표

<table>
<tr><th colspan="5">작업 수행상 필요한 요건</th><th>극 히
필요(A)</th><th>많 이
필요(B)</th><th>보 통
필요(C)</th><th>약 간
필요(D)</th><th>거 의
불필요(E)</th></tr>
<tr><td rowspan="17">숙
련</td><td rowspan="7">지적조건</td><td colspan="3">지식</td><td></td><td></td><td></td><td></td><td></td></tr>
<tr><td rowspan="6">정신적조건</td><td colspan="2">기 회 력</td><td></td><td></td><td></td><td></td><td></td></tr>
<tr><td colspan="2">독 창 력</td><td></td><td></td><td></td><td></td><td></td></tr>
<tr><td colspan="2">판 단 력</td><td></td><td></td><td></td><td></td><td></td></tr>
<tr><td colspan="2">적 응 력</td><td></td><td></td><td></td><td></td><td></td></tr>
<tr><td colspan="2">섭 외 력</td><td></td><td></td><td></td><td></td><td></td></tr>
<tr><td colspan="2">지도, 감 독 력</td><td></td><td></td><td></td><td></td><td></td></tr>
<tr><td rowspan="10">기능도</td><td rowspan="3">운동능력</td><td rowspan="3">협응력</td><td>눈과손의 협응력(協應力)</td><td></td><td></td><td></td><td></td><td></td></tr>
<tr><td>발과손의 협응력(協應力)</td><td></td><td></td><td></td><td></td><td></td></tr>
<tr><td>양손의 협응력(協應力)</td><td></td><td></td><td></td><td></td><td></td></tr>
<tr><td rowspan="5">감각및지각력</td><td colspan="2">기교(손과 발)</td><td></td><td></td><td></td><td></td><td></td></tr>
<tr><td colspan="2">시 각</td><td></td><td></td><td></td><td></td><td></td></tr>
<tr><td colspan="2">촉 각</td><td></td><td></td><td></td><td></td><td></td></tr>
<tr><td colspan="2">청 각</td><td></td><td></td><td></td><td></td><td></td></tr>
<tr><td colspan="2">운동감각</td><td></td><td></td><td></td><td></td><td></td></tr>
<tr><td colspan="3">자 격</td><td colspan="5">면허, 검정, 기타 각종 자격 시험 명칭 기입</td></tr>
<tr><td colspan="3">숙련기간</td><td colspan="5">○○년(졸 정도)</td></tr>
<tr><td rowspan="8">작업강도</td><td rowspan="5">육체적작업강도</td><td colspan="3">신체적 피로도</td><td></td><td></td><td></td><td></td><td></td></tr>
<tr><td rowspan="4">체력</td><td colspan="2">수 력(手力)</td><td></td><td></td><td></td><td></td><td></td></tr>
<tr><td colspan="2">완 력(腕力)</td><td></td><td></td><td></td><td></td><td></td></tr>
<tr><td colspan="2">배 력(背力)</td><td></td><td></td><td></td><td></td><td></td></tr>
<tr><td colspan="2">각 력(脚力)</td><td></td><td></td><td></td><td></td><td></td></tr>
<tr><td rowspan="3">정신적작업강도</td><td colspan="3">긴 장 도</td><td></td><td></td><td></td><td></td><td></td></tr>
<tr><td colspan="3">단 조 감</td><td></td><td></td><td></td><td></td><td></td></tr>
<tr><td colspan="3">감각적 피로</td><td></td><td></td><td></td><td></td><td></td></tr>
<tr><td rowspan="5">책
임</td><td colspan="4">지도·감독에 대한 책임</td><td></td><td></td><td></td><td></td><td></td></tr>
<tr><td colspan="4">타인의 안전에 대한 책임</td><td></td><td></td><td></td><td></td><td></td></tr>
<tr><td colspan="4">물품 보관에 대한 책임</td><td></td><td></td><td></td><td></td><td></td></tr>
<tr><td colspan="4">공정준비 및 성과에 대한 책임</td><td></td><td></td><td></td><td></td><td></td></tr>
<tr><td colspan="4">공동 작업에 대한 책임</td><td></td><td></td><td></td><td></td><td></td></tr>
<tr><td rowspan="3">작업조건</td><td colspan="2" rowspan="2">재 해
위험도</td><td colspan="2">위험도</td><td></td><td></td><td></td><td></td><td></td></tr>
<tr><td colspan="2">유 해</td><td></td><td></td><td></td><td></td><td></td></tr>
<tr><td colspan="2">환 경</td><td colspan="2">불쾌도</td><td></td><td></td><td></td><td></td><td></td></tr>
</table>

① 일의 주체(Who)

누가 그 직무를 수행하는가? 즉, 직무의 종류에 따라서 디자이너가 하는지, 주니어가 하는지, 그리고 그 디자이너와 다른 스태프와 주니어와의 업무 구분 등 내용분석 단계에서 분명히 밝혀야 한다.

② 일의 내용(What)

무슨 일을 하는가? 즉, 그 직무에 포함되는 모든 업무를 밝힘으로써 직두수행 요건 전반에 관계되는 가장 기본적인 정보를 분명히 해야 한다.

③ 일의 방법(How)

어떠한 방법으로 하는가? 즉, 그 직무에 요구되는 숙련도(시술지식, 정신적인 기능, 신체적 숙련도, 정확도 등을 명백히 밝혀야 한다.

④ 일의 목적(Why)

왜 하는가? 즉, 그 직무를 수행하는데 실패한 경우, 그 영향을 분명히 함으로써 직무에 요구되어 있는 책임을 밝혀야 한다.

⑤ 일의 장소(Where)

어디서 하는가? 즉 그 직무에 요구되는 근로조건 중 위험 등의 환경조건을 분명히 밝혀야 한다.

⑥ 작업시간 빈도(When)

언제 하는가? 즉, 그 직무에 요구되는 신체적 조건 중 힘이 드는 정도를 어느 정도로 할 것인가 분명히 밝혀야 한다.

(2) 직무수행 요건 분석

직무수행 요건 분석은 수행업무 분석에서 나타난 제반 사항에 따라서 그 직무의 담당 디자이너에게 요구되는 책임, 능력과 기능, 그 직무가 수행되는 환경조건 등이 어떠한 것인가를 밝히는 것이다.

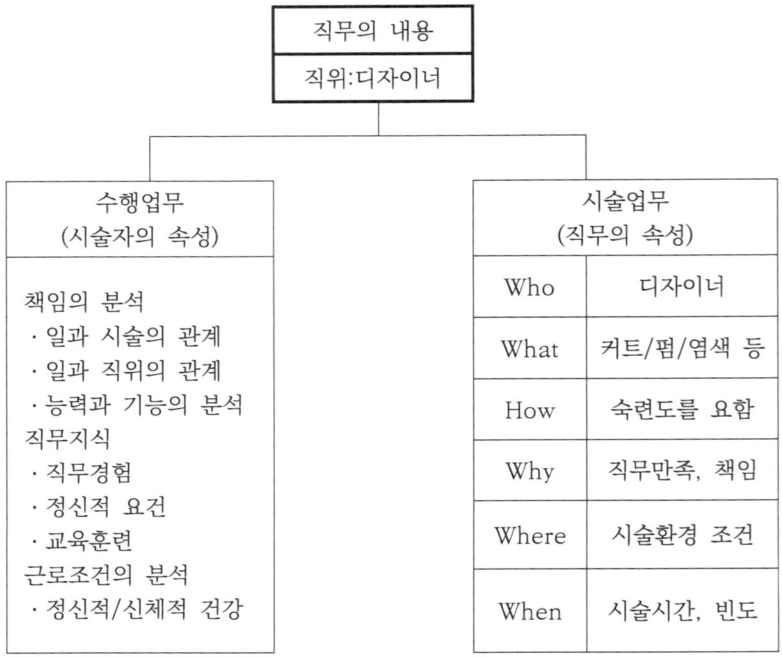

그림 7-3 직무분석의 내용

① 책임분석

시술 후에는 그 결과에 따른 책임의 문제가 남게 된다. 여기서 말하는 책임이란 결과에 대한 책임으로 업무책임과 지시감독책임으로 나눌 수 있다.

㉠ 업무책임 : 직무수행상의 부주의, 오류, 실패 등이 뷰티 미용실에 어느 정도 어떠한 영향을 주는가에 따라서 직무의 중요도를 밝히는 것이다.

㉡ 지시감독책임 : 중요한 업무일수록 상사들이 명령이나 지시를 자주 하게 되는데 그들의 실수나 오판에 따른 지시로 업무수행에 실패하는 경우를 말한다. 책임에 대한 부담이 클수록 그 직무는 중요하다고 할 수 있다.

② 능력과 기능의 분석

직무 담당 디자이너의 직무수행에 필요한 능력과 기능의 제요소로는 직무에 관한 전반적 지식, 정신적 요건, 직무 경험, 교육훈련 등을 들 수 있다.

㉠ 직무지식 : 직무수행을 위해 겸비하고 있어야 하는 지식이다. 직무수행 전반에 걸쳐 필요로 하는 지식도 있고, 어느 한 일을 수행할 때 필요로 하는 지식도 있다.

㉡ 정신적 요건 : 직무수행에 필요한 적극성 · 적응성 · 숙달성 · 판단성 · 감독책임 등을 말한다.

㉢ 직무 경험 : 어떤 직무 수행에 필요한 숙련도를 습득하기 위하여 그 직무와 관련이 있거나 약간 관련이 있는 직무의 경험을 말한다.

㉣ 교육훈련 : 그 직무에 배치되어 충분한 수행능력을 습득하기 위하여 받게 되는 교육을 말한다.

③ 시술 조건의 분석

시술 조건은 직무 수행에 중요한 영향을 미치는 것으로, 직무분석에서 육체적, 정신적 불쾌 조건과 재해 위험 등에 대한 사실을 철저히 밝혀야 한다.

㉠ 현장 관찰 : 업무수행상 문제점 분석, 업무처리 절차 분석, 문제점 및 개선점 분석 등을 실시한다.

㉡ 분석 확인 : 현장 관찰을 통하여 나타난 분석 결과나 문저점 등을 현 디자이너들과 확인, 토의, 조정을 실시한다.

3. 직무기술서

1) 직무기술

직무분석의 결과를 인적자원관리의 자료로 사용할 목적으로 작성하는 것이 직무기술서와 직무명세서이다. 직무기술서(job description)는 직무분석의 결과로 얻어진 정보를 일정한 양식에 기록 · 정리한 문서다. 직무기술서에는 직무의 명칭, 소속, 종업원의 수 등과 같은 직무의 기본적인 사항과 직무의 내용, 직무의 요건 등 직구전반에 관한 내용 등이 기술된다.

표 7-2 직무분석표

<table>
<tr><td colspan="3">직무담당자명 :
직무명:
현직무의 재직기간 : 년 월</td><td>직급 : ____________
근속년수 : ____________</td></tr>
<tr><td>직무의 목적과 내용</td><td>직무의 목적 :
직무의 개요 :
수행방법 :
근무시간 :
시술 장소 :
시술 자세 :</td><td>정신적조건</td><td>기 술 력 :
판 단 력 :
독 창 력 :
사 교 성 :
컬러감각 :
친 절 도 :</td></tr>
<tr><td>직무 요건</td><td>필요한 교육 정도 :
필요한 경험 :
필요한 자격 · 면허 :</td><td>육체적조건</td><td>피 로 도 :
긴 장 감 :
단 조 감 :
체 력 :</td></tr>
<tr><td>책임</td><td>지휘감독에 대한 책임 :
고객의 안전에 대한 책임 :
시술방법에 대한 책임 :
현금에 대한 책임 :
원재료에 대한 책임:
대외관계에 대한 책임 :</td><td rowspan="2">시술조건</td><td rowspan="2">가위, 빛:
드라이기 :
미용기구 :
샴 푸 대 :
위 험 도 :
촉 진 기 :</td></tr>
<tr><td>의무</td><td>매일 발생하는 의무 :
주기적으로 발생하는 의무 :
불규칙적으로 발생하는 의무:</td></tr>
</table>

2) 직무기술서의 내용

아래 항목은 직무기술서에 포함되어야 할 내용인데, 가능하면 간결 · 명료하면서도 객관적으로 기술되어야 한다.

① 직무 확인사항 : 직무 내용을 전체적으로 간략하게 요약하여 기재한다.

② 직무 개요 : 직무 내용을 전체적으로 간략하게 요약하여 기재한다.

③ 직무 내용 : 수행하는 직무의 내용을 밝히는 부분으로서 일상적 업무, 주기적 업

무, 부정기적 업무 등을 기재한다.

④ 직무 요건 : 이 부분은 수행하는 직무의 최소한의 요건을 기재한다. 대개 교육수준, 성별, 나이, 능력, 책임 등을 기재한다.

4. 직무명세서

1) 직무명세서의 의의

직무명세서(job specification)는 직무기술서의 내용 중에서 직무요건만을 따로 분리하여 보다 구체적으로 작성한 문서로서 직무요건 중에서도 특히 성공적으로 직무를 수행하는데 필요한 인적 요건(특성)을 중심으로 기술한 것이다. 따라서 직무기술서에 인적요건까지 구체적으로 기술한 경우에는 별도로 직무명세서를 작성할 필요가 없다.

그러나 직무기술서에는 인적요건을 비롯하여 여러 가지 내용이 기술되어야 하기 때문에 인적요건만을 별도로 분리하여 직무명세서를 작성하는 것이 일반적이다.

2) 직무명세서의 내용

일반적으로 직무명세서는 직무 확인사항, 직무개요, 인적 요건의 세 가지 부분에 관한 기술로 구성된다. 직무명세서에는 다음과 같은 요소들이 반드시 명시되어야 한다.

① 직무 확인 사항 : 지위의 명칭, 상사, 전화번호 등을 기입한다.

② 인적 요건 : 교육 요건, 경력, 미용 지식과 기술 요건, 신체적 요건, 나이 범위, 주소지, 종사자로서의 최소 시술량, 임금, 근무 시간, 근무일 등을 기재한다.

③ 직무 개요 : 직무 내용을 전체적으로 간략하게 요약하여 기재한다.

표 7-3 직무기술서

1. 직무명	디자이너	2. 직 무 번 호	0 번
3. 직 군	헤 어	4. 직 종	실 무
5. 직 급	실 장	6. 직무사업장	본 점

7. 직무 개요

백장미미장 종업원의 훈련, 배치, 승격에 관한 업무를 수행하고 업소운영방침과 고객관리계획을 입안하여 실행하며 고객의 헤어스타일을 직접 시술하고 보조원(스태프, 주니어)의 업무수행을 지도한다.

8. 직무 내용

1) 연간 인원수급계획을 입안하고 종업원의 승격에 관한 업무를 수행하여 디자이너, 스태프, 주니어를 관리 유지한다.
2) 디자이너들의 고객 수를 조사하여 적정 정원을 책정 관리하며 미용 기구의 고장유무에 따른 변동 요건을 조사 검토한다.
3) 종업원의 능력개발을 위하여 부문별 교육훈련계획을 입안하여 이를 실시하며 교육실을 운영 관리한다.
4) 고객관리와 미용 전반의 실무를 수행하며 종업원의 위생에 관한 감독을 수행한다.
5) 백장미미장 운영에 관한 업무를 원장이나 경영자에게 보고하고 회의 및 미팅을 주관하여 종업원의 인간관계에 대한 조율을 한다.
6) 고객개발계획을 입안하고 이를 분석, 관리하며 미용정보를 수집하여 제공한다.
7) 종업원 표창, 징계에 관한 업무를 수행한다.
8) 기타 위에 관련된 업무를 지시에 따라 수행하며 디자이너의 업무수행을 지도한다.

9. 자격요건

교육경험	학 교 교 육	전문대학 졸업 정도
	기 타 교 육	○○미용학원 졸업
	실 무 경 험	미용 실무 7년 이상
	자 격 면 허	미용사 자격증
부과적지식	모 발 과 학	모발의 발생 경로, 모발의 구조, 모발의 종류 등의 일반적 지식
	색 채 학	색의 보색들의 이해, 삼원색, 등에 관한 일반적 지식
	의 상 학	기초적 지식=고객의 의상에 따라 라이프스타일을 이해하는 지식
	인 성 교 육	일반적 지식=효과적인 미용시술을 위한 고객상담의 일반적 지식
실무적지식	커 트 기 술	가위 커트, 상고 커트, 레이어 커트 등의 시술 능력
	퍼 머 기 술	일반 퍼머, 매직 퍼머 시술 능력
	염 색 기 술	탈색, 스카치 염색 등 시술 능력
	헤 어 디자인	드라이, 세팅, 땋는 머리, 올림 머리 등 시술 능력
	규 정	백장미미장의 인사규정, 급여규정, 복무규정, 퇴직금 지급규정, 여비규정, 취업규칙, 교육 관리규정 등 제반 인사 분야에 필요한 규정에 대한 일반적 지식

10. 시술 조건

노력	신체적 노력	비교적 많다.
	정신적 노력	지도, 기억, 계획, 창의에 대한 노력이 크다.
책임	감독 책임	보조원에 대한 감독책임이 크다.
	물적 책임	보통이다.
시 술 환 경		보통
위 험 도		없음
직 업 병		없음

표 7-4 직무명세서

Ⅰ. 직무 확인사항

직위 : 실장　　　　직무번호: 0번

시술 : Hair의 전 부분　　　　소 속: 본 점

상사 : ○ ○ ○　　　　전화번호: 000-000-0000

Ⅱ. 직무 개요

- 미용시술에 관한 직무를 수행하여 디자이너, 스태프, 주니어 관리 유지
- 부문별 종업원교육훈련계획을 입안 · 실시하고, 교육실 부분 관리
- 뷰티 미용실 운영에 관한 업무를 원장에게 보고, 회의(미팅) 주관
- 종업원간 인간관계 조율 및

Ⅲ. 인적요건

- 교육수준: 전문대학 졸업 정도, 영어 및 일어 대화 가능
- 경력: 0년 0개월
- 기술: 커트, 퍼머, 염색, 드라이, 세팅, 올림 머리 시술능력 보유
- 신체조건: 건강(양호)
- 결혼유무: 미혼
- 성별: 남
- 나이: 00세
- 주소: 00시 00동 00000
- 성격: 활달하나 꼼꼼한 면도 있음
- 종업원의 최소 작업량: 월매출 700만원
- 급여: 기본급 + 성과급 (월 300만원 이상 매출에 대한 20%)
- 근무조건: 주 5일, 오전11시부터 오후 10시까지

5. 직무평가

1) 직무평가의 의의

직무평가(job evaluation)란 모든 직무의 상대적 가치를 결정하고 그 가치에 따라 직무의 서열을 부여하는 과정이다. 직무평가는 직무분석에 의해 작성된 직무기술서와 직무명세서를 기초로 이루어지는 것으로 이는 각 직무의 중요성·난이도 등을 평가하여 다른 직무와 비교함으로써 직무의 상대적 가치를 결정한다.

그러므로 이러한 직무평가는 직무급제도의 기초가 된다. 직무평가에 의해 각 직무는 그 질과 양이 채점되고 이것에 의하여 직무의 상대적인 가치가 정해지고 그 가치에 따라 임금편차는 타당하다고 일반적으로 인정되는 것이다.

그리고 직무평가에 의해 임금체계가 합리적인 기초 위에 확립되고 임금의 불규칙성이나 불공정을 없앨 수 있고, 종업원의 불평과 불만도 제거시킬 수 있는 것이다.

2) 직무평가의 목적

직무평가의 목적을 구체적으로 살펴보면 다음과 같다.

① 각 직무의 질과 양을 평가하여 직무의 상대적인 유용성을 결정하기 위한 자료를 제공한다.

② 공정 타당한 임금편차에 의하여 종업원의 근무의욕을 증진하고 나아가서 직무만족의 계기가 된다.

③ 승급제도 내지 직무의 확립과 직무급의 입안 등의 기초가 된다.

④ 합리적인 급여 책정의 기초가 되며, 종업원의 동기부여의 기초가 된다.

3) 직무평가 방법

직무를 평가하는 방법에는 다음과 같은 것들이 있다.

① 서열법(ranking method)

직무의 중요성, 책임성, 난이성, 필요로 하는 교육훈련, 작업조건 등에 따라 몇 단계의 등급으로 분류한 후 이를 서열화하여 평가하는 방법

표 7-5 직무평가(1)

평가요소	최고점수	배 점 기 준
교육수준	30	미용관련대학 졸업자 30 대학졸업자 20 고등학교 졸업자 15 기타 10
경험의 정도	30	10년 이상의 경력 30 7년 이상의 경력 25 5년 이상의 경력 20 3년 이상의 경력 15 1년 이상의 경력 10 기타 5
책임감	30	5등급(A,B,C,D,E)으로 구분 10~30
솔선/기민성	30	5등급(A,B,C,D,E)으로 구분 10~30
노력의 정도	30	5등급(A,B,C,D,E)으로 구분 10~30
총계	150	

② **분류법**(classification method)

직무의 가치를 포괄적으로 파악하는 것으로 일정한 분류기준에 의해 사전에 정해진 몇 단계의 등급에 각 직무를 해당등급에 넣어 평가하는 방법

③ **점수법**(point rating method)

직무를 각 구성요소로 분해하여 직무를 수행함에 있어 각 요소가 차지하는 중요성에 따라 수량적 가치를 부여하여 직무를 평가하는 방법

④ **요소비교법**(factor comparison method)

조직 내에서 가장 중심이 되는 기준직무를 선정한 후 이 직무에 임금을 할당하여 직무의 상대적 가치를 임금액으로 평가한 다음 모든 직무를 이 기준 직무와 비교하여 평가하는 방법

표 7-6 직무평가(2)

요 소	비중	커 트		샴 푸		드라이		드라이	
		%	가치	%	가치	%	가치	%	가치
시술 능력	0.4	100	40	10	4	60	24	80	32
육체적부담	0.5	70	35	50	25	100	50	80	40
정신적노력	0.3	70	31	30	9	50	15	100	30
시술 환경	0.1	80	8	70	7	50	5	90	9

* 가치는 비중×%디자이너 1인당 월평균 100명 이상 시술시 점수 부여

표 7-7 직무평가(3)

평가요소	비중	평가요소	비중
1.시술지식	1.0	6.고객의 안전에 대한 책임	0.9
2.숙 련	0.8	7.정신적 부담	0.9
3.정신적 노력	0.8	8.육체적 부담	0.8
4.자신의 일에 대한 책임	0.8	9.청 결	0.3
5.고객의 만족에 대한 책임	0.6	10.유니폼 착용	0.3

6. 업무의 분담과 권한의 위임

효율적인 경영을 위해서는 직책에 맞는 업무를 설정하여 이를 분담하고 권한을 위임할 필요가 있다. 다음은 미용기업 내에서의 업무능력 향상을 위한 권한 위임 사항과 일상 업무 내용이다.

표 7-8 직무 권한 일람표

항 목		원 장	매니저	수석미용사	미용사
1. 판촉물	(전사적)	●	○	*	
	(개 별)		●	*	○
2. 영업용 인쇄물	(전사적)	●	○	*	
(DM,소개카드,서비스권등)	(개 별)		●	*	○
3 .캠페인/이벤트기획	(전사적)	●	○	*	
및 섭외교섭관리	(개 별)		●	*	○
4. 신상품리스트 및	(전사적)	●	○	*	
및 섭외교섭관리	(개 별)		●	*	○
5. 상품관리 및	(전사적)	●	●		○
재고 관리	(개 별)		●	*	○
6. cost원가관리	(전사적)	●	●	*	○

〈범례〉 ●최종책임자 * 권한 대행책임자 ○권한의 위임

표 7-9 미용기업의 일상 업무 내용

항	목	원 장	수석미용사	미용사
개점업무	1. 미용실의 열쇠 관리자	●	*	
	2. 청소 및 고객 영접준비		●	○
	3. 거스름돈 환전	●	*	
	4. 전달, 지시, 조회	●	*	
	5. 출근부 관리보관	●	*	
	6. 결근자 체크	●	*	
폐점업무	1. 화기 확인	●	*	
	2. 전기, 가스, 수도 개폐장치 확인	●	*	
	3. 환전금의 관리보관	●	*	
	4. 매상금의 관리보관	●	*	
	5. 매상전표 집계 및 보고	●	*	
	6. 경비전표 집계 및 보고	●	*	
	7. 폐점 전 청소		●	○
	8. 종례, 연락, 확인사항	●	*	
	9. 최종 퇴실자의 확인	●	*	
	10. 열쇠관리자의 확인	●	*	
영업업무	1. 재료의 발주, 관리		*	
	2. 미용기구·기계의 보수 점검		●	○
	3. 위생용품 및 소품관리		●	○
	4. 휴식시간의 지시, 승인	●	*	
	5. (사적 용건) 외출 허가	●	*	
	6. 현금 출납 책임 및 장부관리	●		
	7. 고객과의 트러블 처리	●		
	8. 업자와의 대응, 영업교제	●	*	
	9. 내장 설비 보수점검 관리	●	●	○
	10. 점내 디스플레이		●	○
	11. 점내 청소, 정리정돈		*	
교육업무	1. 스텝들의 교육담당		●	○
	2. 인턴들의 교육담당		●	○
	3. 기술장 교육담당	●	*	
	4. 강습회, 세미나 담당	●	*	
스텝관리업무	1. 자기개발, 동기 부여	●	*	
	2. 커뮤니케이션	●	*	
	3. 조정과 통제	●		
	4. 카운셀링	●	*	
	5. 정보 수집과 문제 해결	●	*	
	6. 육체 및 정신의 건강관리	●		
	7. 기숙사생의 생활관리	●		

제 8 장

채용과 교육훈련

1. 훌륭한 인재의 채용은 기업성공의 열쇠

1) 채용의 의의

아무리 임금이 높고 교육훈련 및 복리후생제도 등이 잘 정비되어 있다 하더라도 미용기업의 상황에 적합한 인재를 고용하지 못한다면 작업 능률이나 생산성의 향상은 기대할 수 없을 뿐만 아니라 경영성과 또한 기대할 수 없을 것이다.

오로지 능력 있는 인재를 채용할 목적으로 지나친 과장광고를 한다거나 학벌이나 지역 연고 등에 집착하게 되면 비록 선발되었다 하더라도 조기에 퇴사할 가능성이 높고, 미용기업의 이미지에도 좋지 않은 영향을 미치게 된다.

채용을 잘못하면 그로 인한 직·간접적 손실이 막대하므로 아주 세심한 주의를 기울일 필요가 있다. 그러므로 채용을 미용기업의 성패를 좌우하는 '영업의 첫 단추'라고 할 수 있다.

□ 잘못된 채용으로 인한 손실

① 능력이 부족한 디자이너의 채용으로 인한 경쟁력 약화
② 적당치 않은 디자이너의 채용으로 인한 직원들의 분위기 파괴
③ 유능한 디자이너의 미확보로 인한 미래 경영의 차질
④ 중도퇴직으로 인한 유동성 약화
⑤ 권고퇴직으로 인한 물적 및 심적 손실
⑥ 인력 채용 및 교육에 투입되는 경영 손실
⑦ 퇴직자 및 그 가족에 대한 도의적 책임

2) 모집과 선발

(1) 모집의 의의

모집(recruitment)이란 종업원으로 선발될 후보를 조직으로 유인하는 과정이다. 이러한 모집과정에 있어서는 장래 필요로 하는 노동력의 수, 종류 및 장소, 시기를 기초로 하여 가장 적절한 방법에 의해 조직의 내부 및 외부에서 유능한 인력을 유인할 수 있도록 해야 한다.

채용을 하려면 우선 모집 방향을 잘 설정하여야 한다. 모집 방향을 설정할 때 고려해야 할 가장 중요한 사항은 모집활동이 여러 측면에서 과연 합리적으로 실시되고 있는가를 검토하는 것이다. 이는 직무분석(직무명세서의 인적요건)을 통한 인력의 질과 인력수급계획을 통한 인력의 수를 결정하는 것이다.

다음으로 인력의 질과 양이 결정되면 이에 따라 모집 여부, 모집 원천 등의 결정과 모집 활동으로 들어가게 된다(〈표 8-1〉 참조). 채용활동은 미용기업의 직무분석과 인력수급계획뿐만 아니라 외부의 미용시장 상황 등을 고려하여 충분한 시간적 여유를 가지고 이루어져야 하며, 장기적인 관점에서 미용기업 전반에 대한 이미지 형성과 홍보 활동도 함께 추진하여야 한다.

표 8-1 종업원 채용 활동

채용 원천	연락 방법	연락 장소	권 유 방 법
미 용 학 교	구인공문	학교, 업소	구인공문을 발송한 후 해당장소를 직접 방문 면접
미용 재료상	전화/방문	재료상/업소	재료상 담당자가 신규 채용자와 함께 업소에 오거나 재료상을 집접 방문하여 면접한다.
현 직 원	조회시	업 소	대화를 통한 인센티브제 실시
고 객	시술과정시	업 소	우리 업소에 관심을 가진 고객으로부터 구인 신청
미 용 협 회	전화/방문	협회/업소	협회 담당자와 깊은 유대관계를 가진다.
신문/정보지	전화/방문	업 소	전화응답에 대한 방문자를 면접합다.
인 터 넷	e-Mail	업 소	e-mail이나 홈페이지에 올림

(2) 다양한 선발방법

선발(selection)은 지원자 중에서 직무요건에 가장 적합한 사람을 결정하는 과정인데, 선발목적에 따라 적절한 방법을 선택하여 사용한다.

가. 지원서

지원서는 기본적으로 지원자가 작성하며, 직무에 적합한 자질이나 자격을 갖추고 있는가를 판단하는데 필요하다. 지원서에는 일반적으로 교육정도, 경험, 희망업무, 추천자 등의 정보를 기입한다. 특히 지원자가 많을 경우에는 서류전형에 의해 일차적으로 부적격자를 가려냄으로써 비용과 시간을 절약할 수가 있다.

나. 시험

시험은 주로 신입사원을 선발하는 과정에서 사용되는 것으로 이를 통해서 직무수행능력이 우수한 자를 선발하게 된다. 선발시험은 필기시험, 실기시험 등에 의해 지원자가 가지고 있는 능력을 측정하기 위해 실시한다.

다. 면접

면접(interview)은 「지원자를 상대로 지원자가 가지고 있는 능력 및 개인적 특성(가치관이나 태도, 성격 등) 등을 파악하기 위한 활동」이다. 선발과정에서 면접이 매우 주관적인 판단에 의존한다는 점이 지적되고 있지만 경영자나 인사담당자는 면접의 유용성을 인정하고 있다. 왜냐하면 면접을 통하여 직무요건에 관한 시험결과를 확인한다든지 실제 시험에서 나타나지 않은 지원자의 정보를 얻을 수 있기 때문이다. 오늘날 산업심리학의 발달과 더불어 면접의 기법이 계속 개발되고 발전함에 따라 면접에 대한 의존도가 높아지고 있다.

□ 면접을 실시하는 목적

① 인품을 종합적으로 평가하기 위해서
② 실무기술과 잠재적인 의욕을 지닌 인물을 뽑기 위해서
③ 급변하는 미용시장 환경에 적응할 수 있는지를 평가하기 위해서

표 5-19 면접평가표(예)

<table>
<tr><td colspan="2" rowspan="5">사 진
(3×4cm)</td><td rowspan="2">이름</td><td>(한글)</td><td></td><td>전 화</td><td></td></tr>
<tr><td>(한자)</td><td></td><td>Mobile P.</td><td></td></tr>
<tr><td colspan="2">주민등록번호</td><td></td><td>e-mail</td><td></td></tr>
<tr><td colspan="2">가 족 관 계</td><td>호주 의</td><td>긴급연락처</td><td></td></tr>
<tr><td colspan="2">주 소</td><td colspan="3"></td></tr>
<tr><td rowspan="5">전
근
무
지</td><td>부터 ~ 까지</td><td colspan="3">근 무 처</td><td>직 위</td><td>급 여</td></tr>
<tr><td>~</td><td colspan="3"></td><td></td><td></td></tr>
<tr><td>~</td><td colspan="3"></td><td></td><td></td></tr>
<tr><td>~</td><td colspan="3"></td><td></td><td></td></tr>
<tr><td>~</td><td colspan="3"></td><td></td><td></td></tr>
<tr><td colspan="2">자격증취득</td><td colspan="3">년 월 일</td><td>신체상태</td><td></td></tr>
<tr><td colspan="2">희 망 급 여</td><td colspan="3"></td><td>책정급여</td><td></td></tr>
<tr><td colspan="2">면 접 일 자</td><td colspan="2"></td><td></td><td>취업일자</td><td></td></tr>
<tr><td colspan="2">착 안 점</td><td colspan="5">평 가 의 견</td></tr>
<tr><td colspan="2">첫인상/외모</td><td colspan="5"></td></tr>
<tr><td colspan="2">적 합 성</td><td colspan="5"></td></tr>
<tr><td colspan="2">기술/이해력</td><td colspan="5"></td></tr>
<tr><td colspan="2">커뮤니케이션</td><td colspan="5"></td></tr>
<tr><td colspan="2">특 기 사 항</td><td colspan="5"></td></tr>
<tr><td colspan="2">종 합 의 견</td><td colspan="2">A급채용</td><td>B급채용</td><td>채용보류</td><td>채용불가</td></tr>
</table>

라. 적성검사와 인성검사

시험의 단점을 보완하기 위해 적성검사나 인성검사 실시를 통하여 조직생활에 대한 적합성 여부를 판단할 수가 있다. 적성검사(aptitude test)는 구체적인 능력 또는 적성 이를테면 기계·사무·언어·예술·학문적 적성 등을 보유하고 있는지를 측정하고, 인성검사(character or personality test)는 지원자의 성격이나 취향(aptitude)을 알아보기 위한 것이다.

3) 채용기준과 구비서류

(1) 졸업자의 채용기준(예시)

① 고교졸업생은 만 18세 이상으로 졸업유망주
② 전문대학 미용과 졸업자는 (   )세 이상으로 졸업유망주
③ 기술자에 대해서는 이직횟수 (   )회까지, 연령은 (   )세까지로 한다.
④ 학업성적은 (   )이상이 되는 자
⑤ 색맹 또는 색약자(채용/불채용)
⑥ 장애자를 채용할 때는 장애등급 및 별도 채용기준에 의거
⑦ 기타

(2) 중도 채용기준(예시).

① 스텝인 경우 이직횟수가 (   )회까지로 하고 연령은 만 (   )세까지로 한다.
② 인턴에 대해서는 이직횟수가 (   )회까지로 하고 연령은 만 (   )세까지
③ 기술자에 대해서는 이직횟수가 (   )회까지로 하고 연령은 만 (   )까지
④ 이직자에 대해서는 전근무지에서의 근무상황, 이직이유 등을 검토 후 결정
⑤ 기숙사를 이용하는 경우(채용/불채용)
⑥ 배우자, 부양가족이 있는 경우(채용/불채용)

(3) 채용에 필요한 구비서류(예시)

① 자필이력서(사진부착)
② 자기소개서(소정양식 혹은 A4용지)
③ 주민등록등본 1부
④ 미용사면허증/자격증 사본 1부
⑤ 피부미용관리수료증 사본 1부
⑥ 서약서(소정양식) 1부

4) 채용 및 근무에 필요한 서식

채용이 확정된 종업원과는 먼저 채용에 따른 근로(고용)계약을 체결해야 하고, 서약서 등을 징구하여 근무 중에 일어날 수 있는 분쟁을 사전에 예방할 수 있도록 한다.

□ 채용 및 근무 관련 서식

① 근로계약서/고용계약서
② 서약서
③ 종업원 준수사항
④ 기타

표 8-3 서약서

서 약 서

본인은 금번 귀사에 채용되어 근무함에 있어 다음 사항을 성실히 준수할 것을 서약합니다.

1. 귀사의 제규칙 및 명령시달을 준수함은 물론 상사의 업무상 지시에 순종하겠습니다.
2. 최선을 다하여 부가된 직무를 성실히 수행할 것이며, 고의적 태만으로 귀 사의 명예를 손상하거나 장애가 되는 언행을 하지 않겠습니다.
3. 종업원 상호간의 인격을 존중하며 인화단결에 노력하며 직장질서 유지에 이바지하겠습니다.
4. 귀사의 업무상 지득한 사항을 절대로 외부에 누설하지 않겠습니다.
5. 귀사의 비품을 외부에 반출하거나 피해를 입히는 일이 없도록 하겠습니다.

이상과 같이 서약하며 만일 서약 사항을 위반하여 귀사에 업무상 피해를 입힌 경우에는 전적으로 본인이 책임을 지며 그 손해액을 변상하겠습니다.

20○○년 ○월 ○일

입사자 : ○ ○ ○ (인)

○○○미용실 귀중

표 8-4 근로계약서(예)

근 로 계 약 서

ABC미용실 대표 백장미(이하 "갑"이라 한다)와 서미장(이하 "을"이라 한다) 사이에 다음과 같이 근로계약을 채결한다.

제1조(업무의 내용) 미용 기술 등

제2조(근무기간) 20○○ 년 월 일부터 20○○ 년 월 일까지

제3조(근무시간) 오전 09시부터 오후 06시까지(8시간)

제5조(신분) 수석 디자이너, 디자이너, 인턴, 주니어

제6조(보수액 및 지급방법)

가. 봉 급: 기본급 + 성과급

나. 수 당

다. 지급 방법

제7조(계약의 해지) "갑"은 "을"이 다음과 같은 해당하는 사유가 발생시에는 채용계약을 해지할 수 있다.

1. 뷰티 미용실의 규칙을 위반하였거나 상사의 명령에 불복종한 자
2. 고의 또는 부주의로 뷰티 미용실에 손해를 끼친 자
3. 폭행으로 업무의 집행을 방해한 자
4. 직무를 태만이하거나 직원의 본분에 위반되는 행위를 한 자

제8조(복무) "을"은 본 업무수행을 위하여 "갑"의 ○○○미용실에 근무하며, 별첨의 복무규정을 지킨다.

제9조(교육훈련) "갑"이 "을"에게 디자이너로서의 능력을 획득할 수 있도록 기술교육을 제공하는 기간은 2년으로 정하며, "을"은 그 대가로 본 미용실에서 디자이너가 된 후 최소 3년의 업무수행을 책임지며, 정당한 사유 없이 그만둘 경우 그에 따른 책임을 진다.

제10조(기타 채용조건)

가. "을"은 ○○○미용실 복무규정에 규정된 사항을 성실히 이행하여야 한다.

나. "을"은 업무수행에 있어서 "갑"의 지시에 따라야 한다.

다. "을"은 규칙 및 계약서에 규정되지 아니한 사항은 "갑"이 정하는 바에 따라야 한다.

라. 기타 필요한 사항

제11조(해석) 본 계약에 명시되지 않은 사항은 미용업계의 관례에 따른다.

본 계약서는 2통을 작성하여 각각 1통씩 보관한다.

20○○년 ○월 ○일

고 용 인(갑) ○○○미용실 대표 ○ ○ ○ (인)
피고용인(을) 주 소 ○○시 ○○구 ○○
성 명 ○○○미용실 대표 ○○○ (인)

표 8-5 고용계약서(예)

고 용 계 약 서

고용인과 피고용인 간 상호 합의에 의하여 다음과 같이 고약계약을 체결한다.
고 용 인 : ○○○미용실 대표 ○○○(○○○○○○-2○○○○○○)
피고용인 : 성　　명: ○○○　　　　　　　　주민등록번호: ○○○○○○-2○○○○○○
　　　　　주　　소: ○○시 ○○동 ○○○

채용기간	○○년○○월○○일~○○년○○월○○일
근무장소	
업무내용	미용기술, 피부미용, 메이크업, 네일, 기타
근무시간	출근시간 : 오전 ○○시 , 퇴근시간 : 오후 ○○시
휴　　일	매주( )요일
휴　　가	1. 정기 유급휴가 (1) 신정 : ○일 (2) 구정 : ○일 (3) 여름휴가 : ○일 (4) 추석 : ○일 2. 부정기 유급휴가 직계가족 상조사, 예비군 훈련
임　　금	1. 기본급( )만원, 기술수당( )만원, 직능수당( )만원, 기타수당( )만원 2. 임금 정산일 : 매월 ○○일부터 다음달 ○○까지 3. 임금 지불일 : 매월 ○○일 4. 임금 지불시의 공제 (1) 결근 : 기본급의 1/30의 2.5배 (2) 지각 : 3회가 결근 1회에 해당한다 5. 제품판매 수당 : 제품 순수익의 ○○%를 지불한다 6. 만근수당 : ○○만원
후생복지	1. 중식, 석식 제공(정기 회식 실시) (1) ○○만원 부담 2. 교육 (1) 매월 ○○회 외부강사, 내부강사 교육 (2) 3개월에 1회 이상 개인별 세미나 참가 3. 기숙사 근무시 ○○만원 부담 (1) 중식, 석식, 전기, 상수도료, 유류비, 포함
기　　타	위 계약은 향후 ○년간 유효합니다.

표 8-6 종업원 준수사항

1. 출근시간은 ○시 ○○분이며 미용실정리는 퇴근 전 완벽하게 하고 미정리된 상태일 때에는 다음날 출근시간 전에 미리 정리할 시간을 정해서 출근하여 정리한다.
2. 전직원은 출근카드를 체크하여야 하며, 이를 이행하지 않았을 경우 지각, 결근으로 처리한다.
3. 상사의 지시를 신속히 시행하여야 하며 불평하거나 게을리 하여서는 안되며 두 번 경고 후 시정치 않았을 때 자진퇴사를 원칙으로 한다.
4. 디자이너는 미숙한 스텝을 잘 지도하여야 하며 인턴도 그 지도를 받아야 한다.
5. 인턴은 사업장 전반에 대해 잘 알고 있어야 하며, 모르는 일이 있을 때에는 디자이너나 동료에게 문의하여 알도록 하며 모르는 상태로 지나가서는 안 된다.
6. 고객으로부터 일에 대한 질문을 받았을 경우 정확하게 설명을 해 드리고 모를 경우 윗사람에게 문의하여 설명해 주도록 한다.
7. 식사는 ○시 ○○분 ~ ○시 ○○분을 이용하여 하되 신속하게 하며 식사 후 뒤처리를 잘하여 다음 사람이 식사하는데 불편이 없도록 한다.
8. 근무 중 미용실을 비우는 일이 없도록 한다. 볼 일이 있을 경우 상사에게 보고한다.
9. 사업장의 이익을 우선으로 하고 개인의 실수로 미용실의 불이익을 초래할 경우 그 책임을 진다.
10. 사업장 내에서는 정해진 유니폼을 착용하여야 하며 항상 몸가짐이나 유니폼을 청결히 하여야 한다.
11. 사업장 내에서 사용하는 재료는 사업장 밖으로 반출할 수 없다.
12. 샴푸실, 롯드실, 화장실에서 샴푸나 세탁을 할 수 없다.
13. 종업원끼리 심한 싸움을 하거나, 미용기구가 파손되거나, 그 중 한 명이 다쳤을 경우 관련자 전원 퇴사한다.
14. 매니저나 선배의 지시는 따라야 하며, 그렇지 않을 경우 불이익을 받을 수 있다

○○○○ 대표 ○ ○ ○

5) 종업원의 배치

(1) 배치의 의의

배치(placement)는 선발된 지원자를 특정 직무에 귀속시켜 조직 구성원의 자격을 주는 과정이다. 배치는 단순히 채용된 사람에게 일자리를 제공한다는 의미 이상으로써 유능한 인재를 적재적소에 연결시키는 것이다. 채용을 아무리 잘 했어도 배치가 잘못되면 조직에 적응하지 못하게 되므로 인적자원의 확보 및 관리에 따른 노력과 비용이 낭비될 수도 있다.

(2) 배치의 원칙

① 적재적소주의

조직은 효율성을 높이기 위하여 구성원이 소유하는 능력, 성격 등에 가장 적합한 자리에 배치되어 능력을 최대로 발휘해 줄 것을 기대한다. 배치는 직무가 요구하는 자격요건과 개인이 보유한 조건이 균형 있게 대응되고 적합하여야 성공할 수 있다.

② 능력주의

배치관리에 있어 능력주의는 개인에게 능력을 발휘할 수 있는 기회와 장소를 제공하고, 그 성과를 올바르게 평가하고 평가된 능력과 실적에 대해 상응하는 보상을 하는 원칙을 말한다. 능력주의는 적재적소주의 원칙의 상위 개념이다.

③ 인재육성주의

능력을 훼손시켜가면서까지 인적자원을 사용할 것이 아니라 장기적 안목을 가지고 각종 교육과 훈련을 통하여 인적자원을 육성시켜야 한다. 인적자원의 육성은 조직이나 상사가 구성원을 육성한다는 측면 뿐 아니라 본인 자신의 의지, 의욕, 희망을 중심으로 하는 자기개발(self development)도 강조되어야 한다.

④ 균형주의

조직은 사람과 사람이 모여 이룬 작은 사회이기 때문에 배치나 이동시에 조직전체를 고려할 필요가 있다. 조직전체의 능력향상, 의식개혁, 사기앙양 등을 도모하는 의미에서 조직(전체)과 개인(개체) 간 균형이 이루어져야 한다.

2. 교육훈련의 의의와 목적

1) 교육훈련의 의의

인적자원개발의 첫 단계가 바로 교육훈련(education and training)이다. 인적자원을 선발하면 자신의 환경에 적응하고 기술, 기능, 업무지식 등을 향상시키기 위해 종합적인 교육훈련을 실시하게 된다. 이러한 활동은 신규로 채용된 자 뿐만 아니라 직무의 전환이나 승진, 또는 새로운 지식이나 기술을 필요로 하는 경우에도 행해진다.

교육훈련은 교육(education)과 훈련(training)으로 구분되기도 하는데, 교육은 일반적·이론적·개념적 주제를 주로 하여 지식을 습득하는 과정이고, 훈련은 특정한 직무 또는 한정된 주제에 대하여 기술을 향상시키는 과정이라 볼 수 있다.

미용기업에서도 인재양성은 주로 교육훈련을 통해 이루어지고 있는데, 모든 종업원들이 유능한 토털 미용인이 될 수 있도록 부단히 교육훈련에 힘써야 한다. 인턴, 주니어, 디자이너 할 것 없이 직무를 능률적이고 효율적으로 수행할 수 있도록 체계적으로 그리고 정기적으로 교육훈련을 시켜야 한다.

2) 교육훈련의 목적

교육훈련의 목적은 모든 종업원의 지식, 기술 및 태도를 향상시킴으로서 미용기업을 유지·발전시키는 데 있다. 즉 교육훈련은 경영전략의 목표를 달성하기 의한 수단이며 인적자원의 수준을 예측하는 방편이다.

교육훈련은 앞으로 예상되는 높은 수준의 업무를 수행할 수 있도록 구성원의 자질과 능력을 개발하여 유능한 미용인을 양성하는 것이다. 결과적드로는 업구의 효율성(efficiency) 제고에 그 목적을 두고 있으며, 유능한 후계자를 육성하는 부가적인 목적도 있다.

계획단계	교육훈련의 목표설정(개인, 직무, 구성원수준의 필요성 측정). 교육훈련 개발의 대상, 장소, 방법, 목표 등 계획입안
⇩	
실행단계	교육훈련의 능력개발 촉진의 구체적 실시 과정, 능력개발 방법의 선정 및 실시
⇩	
평가단계	교육훈련의 능력개발 실시 및 업무의 효율성의 평가 평가결과의 활용, 인적 자원관리 과정에의 반영

그림 8-1 교육훈련 전개 과정

3. 교육훈련의 유형과 방법

1) 교육훈련의 유형

(1) 일반종업원훈련

가. 직무 현장 훈련(On the Jop Training : OJT)

이 훈련은 직무를 수행하면서 직속 상사로부터 실습을 통하여 직무를 배우는 훈련이다. 이 훈련의 장점은 일을 하면서, 피훈련자의 기술 수준이나 능력에 맞추어 비교적 적은 비용으로 훈련을 할 수 있다는 점이다. 그리고 단점으로는 일을 하면서 훈련을 받기 때문에 심적 부담이 생기고 많은 사람을 훈련하는 데는 적절치 못하다는 점이다.

나. 직장외 훈련(Off the Job Training : OffJT)

이 훈련은 직무 현장을 떠나서 별도의 장소에서 비교적 어려운 직무에 대하여 받는 훈련이다. 즉 교육훈련 담당자의 책임 아래 내부의 연수원이나 외부의 전문교육훈련기관에 위탁하여 실시하는 방법이다. 이 훈련은 현장을 떠나 전문가의 지도아래 집단적으로 훈련에만 전념할 수 있고 다른 부서의 사람들과 지식과 경험을 서로 교환할 수 있는 장점이 있다. 그러나 교육훈련이 추상적이고 이론적인 경우가 많아 현장과

거리감이 있는 훈련이 되기 쉽고, 교육훈련에 대한 경제적 부담이 커지며, 일손이 부족한 중소기업은 이런 방법의 교육훈련을 실시하기 어렵다는 단점이 있다.

(2) 감독자 훈련

감독자 훈련은 현장의 사람들을 직접 지도하고 감독하는 지위에 있는 감독자를 위한 훈련으로 산업내 훈련(Training Within Industry : TWI)이 그 전형적인 훈련이다. TWI는 계장, 직장, 반장 등과 같은 현장감독자의 지도 및 통솔력을 기르고 관리에 대한 기초적인 지식과 기술을 습득시킬 목적으로 실시된다. 그런데 TWI는 3대 기본과정을 설정하고 8-10명의 감독자를 한 조로 편성해서 매 과정마다 두 시간씩 회합을 5회 갖도록 하였다.

여기서 3대 기본과정은 작업지도 및 훈련능력을 배양하기 위한 작업지도훈련(job instruction training, JIT), 작업방법의 개선능력을 향상시키기 위한 작업방법 개선훈련(job method training, JMT), 작업상의 인간관계훈련(job relations training, JRT)으로 구성되어 있다.

(3) 관리자 훈련

이는 부장이나 과장과 같은 관리자에 대한 교육훈련이며, 가장 일반적인 훈련유형으로는 관리자 훈련 프로그램(Management Training Program, MTP)과 중견간부이사회제도(junior board of executives)가 있다.

관리자 훈련 프로그램은 관리자를 대상으로 비교적 광범위한 경영문제, 경영원리, 관리기술에 대하여 주로 토론식으로 진행하고, 그 이외에도 강의법, 실습법, 역할연기법, 사례연구법 등이 활용된다.

(4) 경영자 훈련

대표적 유형은 최고경영자 훈련 프로그램(Administrative Training Program, ATP)이다. 이 훈련프로그램은 기업의 최고경영층(top management)을 대상으로 최신의 과학적 기업경영에 관한 지식과 기법을 교육한다. 주요 강좌 내용은 기업의 목적과 경영방침, 조직상의 문제(조직의 형태, 권한과 책임 등), 제반관리문제(인사 · 자재 · 예산 · 원가 · 품질 등), 관리과정 및 업무실시에 관한 사항 등이다.

2) 교육훈련 방법

교육훈련 방법에는 여러 가지가 있는데, 미용 현장에서 적용할 수 있는 방법들로서는 다음과 같은 것들이 있다.

(1) 강의식(lecture method)

이 방법은 전통적인 교육방법으로 강사는 교육내용에 대하여 그가 원하는 대로 이끌어 가면서 설명하는 방법이다. 강의식은 어떤 내용을 전달하는데 유용한 방법이긴 하지만, 사람들의 태도를 변화시키거나 가르치는 내용 면에서 그 효과가 제한적일 수 있다. 강의식 방법은 교육생의 수용에 한계가 있으므로 수강생의 규모, 강사가 전달하는 언어와 속도, 시각적 교재의 활용, 소음이나 기타 훈련 방해요소 등의 환경적 장애를 고려해야 한다.

① 장점 : 일시에 많은 피교육자를 교육시킬 수 있다.
② 단점 : 일방적으로 지식을 전달하는 것으로 그칠 수가 있다.

(2) 회의식/토론식(conference or discussion method)

이 방법은 공동의 문제에 대하여 참가자들로 하여금 가급적 전원이 의견을 내도록 하여 문제를 해결하는 것으로 종업원들에게 다른 사람들의 경험을 배우는 기회를 제공한다.

① 장점 : 집단적으로 이해도를 높일 수 있다.
② 단점 : 회의를 효과적으로 이끌어 갈 유능한 진행자가 있어야 한다.

(3) 시청각방법(method of audio-visual aids)

강의식 교육에 교재를 사용할 경우에 이를 보조하는 역할을 하는 방법으로 영화, 환등기, TV, 사진, 도표 등을 통하여 흥미를 일으키도록 교육을 진행한다. 그러나 문제는 적절한 교재가 확보되어야 하며 요구되는 시설이 뒤따라야 한다.

(4) 사례연구법(case study method)

이 방법은 실제로 있었던 현장 사례에 대한 집단적 토의를 거쳐 상황 분석과 진단 및 문제해결 방법을 발견하기 위한 방법으로 주로 관리자나 경영자훈련에 이용된다.

① 장점 : 창의력, 판단력, 분석력 및 통찰력을 키울 수 있다.
② 단점 : 시간과 노력이 많이 들고 피교육생의 수준이 요구 된다

(5) 역할연기법(role playing method)

이 방법은 미용기업 현장에서 수행하고 있거나 현실에 가까운 상황을 설정하여 피교육자로 하여금 5~10분간 연기(실제 역할)를 하게 한 다음, 이에 대해 참가자 전원이 토의를 함으로써 피교육자의 행동을 개선시키려는 훈련방법이다. 이 방법은 주로 인간관계훈련에 많이 이용되나 판매원훈련용으로도 이용된다.

① 장점 : 연기를 해 봄으로써 연습과 평가에 도움이 된다.
② 단점 : 시간과 경비가 많이 든다

(6) 브레인 스토밍(brain storming)

'두뇌선풍' 또는 '두뇌짜기' 라고도 하는 이 방법은 새로운 아이디어를 개발하기 위한 방법으로 오스본(A. F. Osbon)에 의해 고안되었다. 여러 사람들로 하여금 자유분방한 분위기에서 신제품, 새로운 판매방식이나 작업방법, 새로운 관리방법 등에 관한 여러 가지 아이디어를 내게 하고, 이를 체계적으로 수집·정리함으로써 실행 가능한 새로운 아이디어를 얻고자 하는 방법이다.

(7) 비즈니스게임(business game)

이 방법은 어떤 경영 모델을 사용하여 경영자들로 하여금 경영 의사결정에 대하여 훈련시키는 방법으로 모의기업경영(management simulation)이라고 한다. 보통 5~6명이 한 조가 되어 모의회사의 경영진을 조직하여 주어진 각종상황(생산비, 설비투자, 광고, 연구개발 등)에서 의사결정을 하게 한 후 그 결과를 심사자가 평가하여 이를 공표함으로써 경영의 우열을 가리게 하는 방법이다.

① 장점 : 리더십을 개발시키거나 협동심과 팀웍을 배양시킬 수가 있다.
② 단점 : 상황에 맞는 경영 모델을 선택하기가 어렵다

(8) 실연

이 방법은 직무의 순서, 사용법, 시술방법 등을 강사나 선임자가 먼저 보여주고 그 다음 피훈련자로 하여금 그것을 수행해 보도록 하는 방법으로 평범하지만 효과가 있다.

(9) 감수성훈련

이 방법은 타인이 생각하고 느끼는 것을 정확하게 감지하는 능력과 이에 따라 적절하고 유연한 태도와 행동을 취할 수 있게 하는 능력을 길러준다.

(10) 직무전환

이 방법은 자신의 직무가 아닌 다른 직무를 경험하도록 하기 위한 것인데, 각기 다른 테크닉을 배울 수 있기 때문에 뷰티 미용실의 교육훈련의 방법으로 적당하며 담당 미용사와 함께 일하는 기간은 3개월을 기본으로 교체한다.

① 장점 : 다른 기술을 배울 수 있다.
② 단점 : 훈련에 따른 시간이 많이 걸린다.

(11) 인바스켓훈련(in-basket training)

이 훈련은 관리자의 의사결정능력을 제고시키기 위해 개발된 것으로 실제와 비슷하게 가상 상황을 설정하고 훈련실시자(가상의 상사)가 훈련참가자에게 가상의 기업에 대한 정보를 제공한 후 이들에게 특정상황에서 문제해결을 위한 의사결정을 내리게 하는 것이다. 예를 들면, 훈련참가자를 가상의 판매과장으로 배치하여 판매과장으로서의 업무(서류, 결재, 전화 등)를 담당하여 처리하게 한다.

① 장점 : 관리자개발 및 잠재적인 관리능력을 평가할 수 있다.
② 단점 : 시간과 노력이 많이 든다.

3) 교육훈련의 내용

교육훈련은 직원 및 관리자의 지식, 기술, 태도를 육성 개발하여 미용현장에서 부족한 점과 개선점을 보완하는 한편, 효과적 미용실 운영 토대를 구축하기 위한 것이다.

미용업계에서 실시하고 있는 교육훈련은 장소에 따라 사내교육훈련과 사외교육훈련으로 나눌 수 있고, 내용에 따라 기술교육, 서비스교육, 경영교육으로 나눌 수 있다.

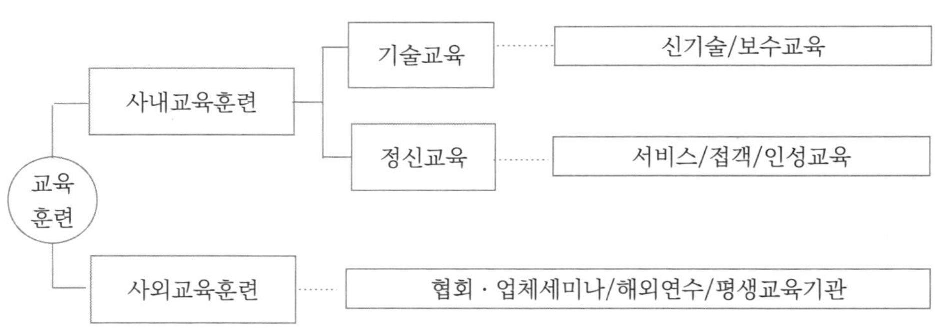

그림 8-2 교육훈련의 내용

(1) 기술교육

기술교육은 미용실이 미용기술을 주체로 영업활동을 하고 있고 그 기술은 유행의 흐름에 따라 해마다 고객의 욕구도 변화하므로 그 변화에 대응하는 기술의 유지와 진보를 위해서는 끊임없는 훈련이 요구된다. 특히 신제품의 등장에 따른 취급요령과 사용방법 등을 빨리 습득하여 실전에 적용하여야만 다른 미용실과의 경쟁에서 우위를 점할 수 있다.

(2) 서비스교육

서비스교육은 미용업의 특성상 고객과의 관계가 밀접하므로 고객에 대한 접객예절, 인성, 교양, 근무자세, 태도 등을 기술교육과 병행하여 실시하는 것이 바람직하다. 특히 고객의 심리적인 유형을 분석하여 적절히 대응함으로써 고객의 욕구를 만족시키는 것은 미용기술 못지않게 중요하므로 이에 대한 체계적인 교육이 필요하다.

(3) 경영관리교육

경영관리교육은 미용실의 규모가 점차 대형화, 조직화 세분화되어 가는 상황 속에서 체계적인 미용경영 시스템의 관리가 미용실의 성패를 좌우한다고 해도 과언이 아니다. 따라서 경영관리의 교육은 경영일반, 리더십(leadership), 마케팅, 인사관리, 재무관리, 광고관리, 고객관리 등을 중심으로 교육하여 이와 같은 내용을 실제 미용실에 응용하도록 한다.

4. 교육훈련의 계획과 평가

1) 교육훈련계획

먼저 교육훈련의 필요성을 검토한 후 교육훈련의 목표와 기본방침을 설정하야 한다. 그리고 이를 바탕으로 전략적 · 구체적 계획을 수립하여야 하는데, 교육훈련계획은 기본계획(전략적 계획)과 실행계획(개별계획)으로 구분할 수 있다.

기본계획은 각자의 육성개발 목표에 따른 육성방법을 결정하는 전체계획이며, 실행계획은 기본계획에 따라 구체적으로 어떻게 실시할 것인가를 계획하는 것이다.

표 8-7 교육훈련계획

<table>
<tr><th>단 계</th><th>교 육 과 목</th><th>강 사</th><th>교육장소</th><th>평가방법</th></tr>
<tr><td>디자이너
실장/점장</td><td>고객상담, 헤어디자인/피부미용관리
고객의 라이프 스타일 파악</td><td rowspan="3">미용컨설턴트

세미나</td><td>대학
(세미나)</td><td rowspan="3">면 접
질문지
시 험</td></tr>
<tr><td>인 턴</td><td>퍼머, 커트, 염색, 매직드라이
서비스/인성/예절교육</td><td>협회</td></tr>
<tr><td>주니어</td><td>모발방식, 샴푸, 트리트먼트
서비스/인성/예절교육</td><td>사내</td></tr>
</table>

□ 실행훈련계획서에 포함되어야 할 내용

① 교육훈련 목표의 설정 및 내용의 선정
② 대상자의 요건, 선발 기준, 순위 결정 방법의 명확화
③ 교육훈련 방법의 선정
④ 교육 실시 담당자의 요건
⑤ 교육기간, 시기의 결정
⑥ 교육 장소의 결정
⑦ 교육 자료의 개발
⑧ 평가방법의 결정

표 8-8 월별교육계획서

직 급	월/주 연수항목	월				월				월				신규	중도	비고
		1	2	3	4	1	2	3	4	1	2	3	4			
주니어	직 업 관															
	서비스 교양															
	용어/모발과학															
	베이직 세팅															
	브러싱/마사지															
	트리트먼트															
	샴 푸															
	매니큐어															
인 턴	와 인 딩															
	베이직 퍼머															
	베이직 컬러링															
	베이직 매직															
디자이너 (점 장)	고 객 상담															
	헤어디자인															
	고객 스타일															

2) 교육훈련의 평가

(1) 교육훈련 평가의 의의

교육훈련을 실시하였으면 그 결과가 교육훈c련의 목적과 합치되는지 그리고 매출증대, 고객만족, 업무능률 향상, 분위기 개선 등 미용기업의 성장과 발전에 도움이 되는지를 평가해야 한다. 또한 피훈련자 개인에게도 목표가 어느 정도 달성되었는지를 파악하여 목표에 의한 관리(management by objective : MBO)를 철저히 할 필요가 있다. 그리고 교육훈련의 방법, 장소, 기술 등은 적절했는가를 분석하여 차후의 교육프로그램 개발에 필요한 자료를 얻어야 한다.

(2) 교육훈련의 평가과정

교육훈련도 경영관리과정처럼 계획(Plan)-실행(Do)-평가(See)의 과정을 거치게 되는데, 교육훈련의 평가과정은 [그림 8-3]와 같다. 교육훈련의 평가는 목표 달성치의 측정, 피훈련자의 행동 변화의 측정, 증거 자료의 수집과 입증, 보충 교육훈련의 니즈(Needs)의 발견, 교육훈련 전반에 관한 반성과 개선 등을 위해 필요하나 무엇보다 중요한 것은 능력평가의 자료로 삼아 인사관리제도와 연계시키는 일이다.

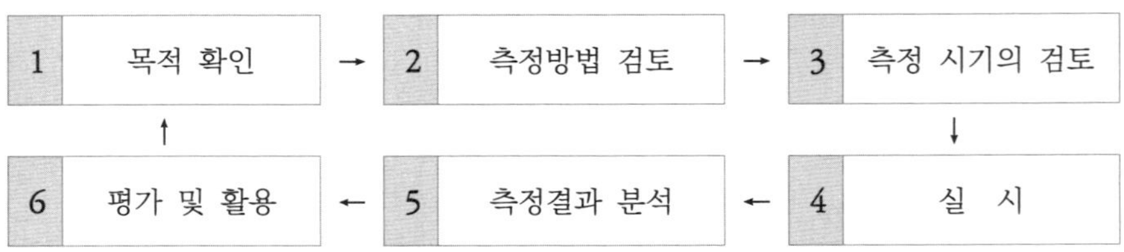

그림 8-3 교육훈련 평가 과정

(3) 교육훈련의 평가기준

피훈련자의 자기 평가, 상급자, 동료, 교육담당자 등의 평가 방법이 있지만 때때로 신뢰성이 문제가 된다. 당연히 객관적인 평가방법이 합리적인데 이 경우 평가기준이 문제가 된다.

가. 요더(D.Yoder)의 평가기준

① 훈련 전후의 비교: 피훈련자의 훈련받기 전과 후의 행동 변화 및 성과 변화를 측정하거나 평가한다.
② 통제그룹: 피훈련자들을 비훈련자와 비교하여 그룹으로서 비교 평가한다.
③ 교육훈련 이후의 생산성 변화: 작업훈련에서는 생산량 및 속도가 중요한 기준이다.

나. 로쉬(C. H. Lawshe)의 평가기준

① 생산량
② 단위당 생산 소요시간
③ 훈련 실시 기간

④ 불량 및 파손 자재 소모
⑤ 품질
⑥ 사기(morale)
⑦ 결근, 고충, 퇴직, 재해율
⑧ 일반관리 및 관리자 부담

(4) 교육훈련의 평가방법

평가방법에는 의견조사, 시험, 관찰법, 평정법, 면접법, 자료분석법, 실험비교법, 상호평가법 등이 있다. 평가의 신뢰도를 높이려면 객관성과 투명성이 확보되어야 하는데, 그 한 방법으로 여러 방법을 동시에 실시한다.

미용기업에 적당한 평가방법은 의견조사와 시험방법이다. 의견조사는 〈표 8-9〉와 같이 계층별로 구분하여 조사하는 것이 합리적이다.

표 8-9 교육훈련 의견조사 대상과 방법

대 상	주 요 내 용	방 법
피훈련자	일반적인 만족 정도 직무와의 관련성 유무	2~3주 후, 질문지법
강 사	강의 진행사항, 훈련개발 과정이 유용성, 피훈련자의 욕구충족여부	비교적 가까운 시기, 면접
상 급 디자이너	원하는 새로운 훈련 내용 혹은 개발 내용, 피훈련자들과의 훈련 후 면담 결과 훈련목표 달성 여부	2~3주 후, 질문지법

시험(test)은 일반적으로 교육훈련 중이나 과정을 마친 뒤 실무에 돌아와서 학습 정도를 평가하는 방법이다. 이것은 교육받은 모든 내용을 망라하기 어렵고, 성인층에게는 적합하지 못하며 신뢰성이 부족하다는 문제점이 있다. 그러나 학습의욕 자체가 성과와 밀접한 관계가 있을 때 동기유발의 중요한 구실을 하므로 그 유용성을 높이려면 시험의 설계를 다양하게 할 필요가 있다.

교육훈련의 중심인 실적평가에 있어서 직접효과와 간접효과를 측정하는 방법으로는 〈표 8-10〉과 같이 4단계로 구분하여 실시하게 된다.

표 8-10 교육훈련의 평가단계

단 계	초점	내 용	평가방법
제 1 단계	반응	참가자가 그의 교육훈련을 어떻게 생각하는가?	의견조사법
제 2 단계	학습	어떠한 원칙, 사실, 기술을 배웠는가?	시 험
제 3 단계	행동	교육훈련을 통하여 직무수행상 어떠한 행동의 변화를 가져왔는가?	인사고과법
제 4 단계	결과	교육훈련을 통하여 원가절감, 기술 개선, 생산증대 등에 어떠한 결과를 가져왔는가?	현장성과측정법 경영종합평가법

(예제) 바람직한 교육훈련 및 실습의 평가방법은 어떤 것인가?.

표 8-11 미용기업의 상급 디자이너 평가표

평가 항목		내 용		평 가			
준비도	계획성 준비도	교육 대상자의 수준 파악 정도와 기술교육에 필요한 기구, 도구, 교재, 디자이너의 복장, 기타 준비정도					
기술연구지도	교수방법	기술 전수 대상자의 기술적 목표 달성을 촉진하기 위한 기술경험을 조정하는 정도 파악 여부					
	의사전달 능력	기술 훈련 목표를 효과적으로 달성할 수 있도록 도와주는 기술활동으로서 기술 시술을 정확히 전달하는 능력					
이론구성및준비성	내용의 적절도	기술 발전 목적을 달성하기 위하여 선택한 기술 내용이 피훈련자에게 맞게 구성 되었는지 여부					
	기구의 준비도	시술 내용을 위해 선택한 기구가 유행의 흐름에 맞게 적절하게 갖추어져 있는지 여부					
적극도	적극성 성실성	자발적이고 열의 있는 태도로 기술강의에 임하는지 적극성 및 성실성 정도 여부					
위항목중	디자이너 장점	1. 2.	평가방법	A	B	C	D
	디자이너 보완점	1. 2.					

(5) 평가결과의 활용 및 피드백

일반적으로 교육훈련의 성과는 매출증대로, 매출증대는 기업가치의 증대로 나타난다. 교육훈련을 통한 경영성과의 공헌도에 따라 승급과 급여에 차이가 난다는 사실을 확실히 하면 "노력한 만큼 좋은 평가를 받을 수 있다"는 인식이 종업원 사이에 퍼지게 되지 않겠는가?

그러므로 교육훈련 평가는 교육훈련계획, 교육훈련 프로그램 설계, 교육훈련 실시의 전 과정과 연계시켜야 한다. 그리고 평가 결과는 반드시 피드백을 통하여 사후관리를 철저히 하여야 한다.

□ **평가 결과 활용 분야**

① 인사제도에 활용한다. 승급 · 승진 · 연봉계약 · 성과급 지급 등에 반영하여 인사관리에 도움을 준다.

② 새로운 목표 설정에 자료를 제공한다. 새로운 목표는 다음 기회의 훈련이 되고, 달성해야 할 새로운 목표가 됨으로 목표관리를 가능하게 한다.

③ 비용편익분석과 가치분석의 자료로 활용한다. 가치분석이란 기업이 필요로 하는 질 · 성과 · 신뢰도 등이 최소한의 비용으로 달성되고 있는지를 확인하는 과정이다. 가치분석을 통해 교육훈련이 필요한 성과를 어느 정도나 달성했는지, 이것이 앞으로 얼마나 더 필요한지를 항상 분석 · 평가하여야 한다.

표 8-12 교육평가시스템과 인사고과

구 분	직급별	고과를 위한 평가의 내용 (각 항목 5단계 평가)	평가자	평가결과
개인별	주니어	책임감, 역할분담, 규율성, 출근 상태, 예의, 도덕, 태도, 복장, 몸치장, 협조성, 공헌도, 대응력	본 인 점 장	검정제도에 의한 기술평가가 추가되어 임금 수준에 연동
	인 턴	상기한 초급 수련생 내용의 일체와 신뢰성, 영향도, 작업의 로테이션, 기술지도력, 예선달성 의욕이 추가됨		
	디자이너 (점장)	예산달성 의욕, 신뢰도, 부하와의 대화, 리더십, 향상성, 문제 해결력, 클레임 처리, 캠페인 협력도, 연락이나 보고		
점포별	종업원 경영자 (원장)	예산달성도, 일인당 평균 매출고, 신규 고객율, 재방문율, 종업원 의욕, 매너 대응, 로테이션, 기술, 금전관리, 제품관리	경 영 자 컨설턴트	상여금의 결정요소

제 9 장

인사고과와 복리후생

1. 인사고과란 무엇인가?

1) 인사고과의 의의

인사고과(performance appraisal, merit rating, employee rating\)란 조직 내의 구성원의 근무성적이나 능력 등을 객관적으로 평가하는 절차로서, 조직을 관리하는데 있어서 반드시 수행해야만 하는 기본적인 인적자원관리 활동 중의 하나다. 즉, 인사고과는 구성원의 근무성적과 능력 등을 평가하여 현재적·잠재적 유용성을 체계적으로 파악하는 과정이다.

성과를 지향하는 조직에서는 각 개인이 능력을 발휘하거나 발휘할 것으로 예상되는 기여도를 객관적이고도 합리적인 방법으로 평가한 다음, 이를 기초로 보상을 제공하고 개인의 성장을 도모하는 것은 매우 중요한 일이다.

2) 인사고과의 목적

인사고과는 직원들의 일정기간 업무성적이나 능력을 평가하고 이를 근거로 승급·승진·배치·교육훈련·성과급 지급 등의 적정화를 도모하는 한편, 본인의 능력에 대한 자기계발과 함께 임금을 평가하는 기준으로 작용한다.

일반적인 인사고과제도의 목적을 요약하면 다음과 같다.

① 직원의 능력 개발의 기초자료

직원의 현재능력 및 잠재능력을 파악하고, 이를 기초로 개개인의 능력이 최대한 발휘되도록 유도해야 한다.

② **적재적소의 배치**

미용사들의 업무를 적성 · 능력 · 성격 등을 고려하여 디자이너와 스탭을 잘 매칭시켜 업무의 효율을 높이도록 한다.

③ **상벌규정**

직원의 성과에 대하여 정당한 대우를 해 주어야 하고, 그들의 성과를 주기적으로 측정하여 그 결과를 기준으로 적절한 승진 · 승급 · 급여 · 상여 등의 결정을 한다.

④ **성과피드백**

직원이 얼마나 만족한 성과를 거두고 있고, 미용실의 기대수준에 얼마나 접근하고 있는가를 알려주는 것이다. 따라서 인사고과는 직원의 동기부여는 물론 그의 성장도 강화시켜 준다.

2. 인사고과의 방법과 오류

1) 인사고과의 방법

(1) 전통적 방법

가. 서열법(Ranking method)

서열법은 구성원의 능력과 업적에 대하여 순위를 매겨서 평가하는 방법이다. 서열법은 실시가 용이하고 비용이 적게 드는 장점이 있으나 구성원의 수가 너무 많으면 순위를 정하기가 곤란하고, 반대로 너무 적으면 순위가 가지는 의미가 없어지는 단점이 있다.

나. 쌍대비교법(Paired comparison method)

이는 고과요소별로 두 사람씩 작을 지어 비교하여 서열을 정하는 것으로서, 장 · 단점은 서열법과 비슷하며 특히 비교의 횟수는 대단히 늘어나지만, 몇 개의 요소를 선택하여 비교하면 상당히 높은 신뢰도를 얻을 수 있다.

다. 강제할당법(Forced distribution merhod)

이는 피고과자의 수가 많을 때 서열법 대신으로 쓰이는데 미리 정해놓은 일정한 비율(예: 수, 우, 미, 양, 가, 또는 수 10%, 우 20%, 미 40%, 양 20 %, 가 10%)에 맞추어 피고과자를 강제로 할당하는 방법으로 고과자의 관대화경향이나 중심화경향과 같은 개인적인 항상오차를 제거할 수 있다는 장점이 있다.

그러나 실제로 피고과자들의 능력과 업적 등이 정규분포곡선이나 강제분포비율과 일치할 수 있느냐가 문제이고, 고과단위 간에 피고과자의 수가 다른 경우 피고과자의 평가결과가 유리해지거나 불리해질 수 있다.

라. 평정척도법(Rating scale method)

피고과자의 능력과 업적 등을 일련의 연속척도 또는 비연속척도에 의하여 평가하는 방법이다. 이 고과방법의 장점은 가중치를 둘 수 있고 계량화가 가능하다는 점을 들 수 있다. 반면에 단점으로는 고과요인의 선정과 구성, 고과자 오류의 방지 곤란 그리고 서열자료(ordinal data)의 계량화 문제 등이 지적되고 있다.

마. 대조법(Check-list method)

이는 심리학에서 태도를 측정하기 위해 응용된 기법으로 직무상의 행동을 구체적으로 표현하여 피고과자를 고과하는 방법이다. 고과자는 의미 있는 행동을 서술한 항목에 피고과자가 해당하는 경우에 체크한다.

대조법의 특징은 평가항목에 가중치를 부여하기 때문에 사실의 관찰과 계량화가 가능하다는 점이다. 장점으로는 현혹효과(halo effect)가 적고 다른 부서와 비교가 가능하며, 고과자의 심적 부담이 적다는 점이다. 그 외에도 고과요소가 실제의 일과 밀접하여 판단하기가 용이한 점도 들 수 있다. 반면에 단점은 전반적인 업무를 망라할 행동표준의 선택이 어렵고 점수화의 절차가 복잡하다는 점이다.

(2) 현대적 방법

가. 중요사건서술법(Critical incident appraisal method)

이 방법은 성공적인 업적에서부터 비효과적이며 목표달성을 하지 못한 업적에 이르기까지 구성원의 구체적인 행동을 관찰 · 기록하였다가 이 기록을 토대로 평가하는 방법이다. 그리고 이 평가의 결과를 통하여 피고과자의 업무태도와 업무수행능력을 개선하도록 유도한다.

따라서 이 방법은 객관적인 증거에 기초하여 평가를 할 수 있는 장점이 있으나 관리자가 업무 중에 지나치게 관찰하거나 간섭이 되면 오히려 업무수행에 지장을 가져올 수 있는 단점도 있다.

나. 자기신고법(Self-description method)

피고과자로 하여금 자기능력(지식 · 기술 등)을 기술하여 이를 정기적으로 보고하게 하고 그 결과를 인사고과의 참고자료로 활용하는 방법이다. 자기신고법은 일종의 자기고과법으로 피고과자 자신의 의사가 반영되는 것이 장점이라 볼 수 있으나 신고내용의 객관성 유지가 어렵다는 점이 단점이라 하겠다. 그러므로 이는 인사고과의 보충적 방법으로 쓰이는 것이 보통이다.

다. 면접법(Interview method)

이 방법은 피고과자의 업무수행능력과 업적 그리고 잠재적 능력을 통하여 평가하는 것으로 면접만으로는 완전한 고과를 할 수 없기 때문에 보충적으로 사용한다.

라. 목표관리법(Management by objective method)

업무담당자가 직속 상사와 협의하여 업무의 목표량을 정하여 업무를 수행하고 그 결과로서의 성과를 상사와 함께 측정하여 고과하는 방법이다. 따라서 구성원은 이를 통하여 참여의 기회를 갖게 되고, 상사는 부하를 지원할 수 있는 기회가 주어진다.

목표관리법의 장점은 피고과자가 목표설정과 성과에 대한 평가 작업에 참여함으로써 동기가 유발되고 목표와 책임이 명확하여 전반적인 피고과자의 능력을 고과할 수 있다는 점이다. 단점으로는 이를 실시하는데 시간과 비용 그리고 노력이 많이 든다는 이다.

마. 평가센터법(Assesment centers method)

이 방법은 오래 동안 사람을 선발하고 평가하는데 사용되어 왔던 인사고과의 여러 기법들이 주관적이고 결함이 많이 있다는 점을 극복하기 위해 나타난 방법이다. 이 방법은 평가를 전문으로 하는 평가센터를 개설하고 6~12명의 피고과자들의 잠재능력을 파악하기 위해 이용되는 방법이다.

이 방법은 승진을 휘한 자료로서 아주 유용하다는 장점이 있으나 고과 비용이 비교적 많이 들고 고과시간도 많이 소요되는 단점이 있다.

바. 행동기준고과법(Behaviorally anchored rating scales : BARS)

중요사건기술법을 보다 정교하게 계량적으로 수정한 것으로 관리자들로부터 직무를 수행하는데 나타나는 중요사실을 추출하여 몇 개의 범주로 나눈 다음 각 범주의 중요한 사건을 척도에 의해 고과자가 평가하는 방법이다.

행동기준고과법은 조직에서 바람직한 구체적 행동의 견본과 그 반대의 행동견본을 제시하여 이를 기준으로 피고과자를 평가하고 동시에 구성원들이 직무행동을 지도하고 개선해 가기 위한 고과방법이다.

□ **행동기준고과법의 특징**

① 평가척도를 사용할 사람들이 평가할 성과의 범위를 정한다.
② 성과를 달성할 수 있는 직무행동을 기술한 평가척도를 개발하여 감독자가 동의를 얻어 실시한다.
③ 직무를 중심으로 작성하되 측정할 성과의 수준은 관찰 가능한 행동을 기초로 하여 정해져야 하고 직무에 적합하여야 한다.
④ 행동기준고과법은 구체적인 행동에 따라 평가하므로 신뢰할 수 있으며 행동의 표준이 직무성공이나 직무성과와 구체적으로 연관되어 있으므로 평가의 타당성이 높다.
⑤ 같은 행동표본으로 고과할 수 있는 범위와 대상들이 적으므로 상대고과의 방법으로는 한계가 있다.

2) 인사고과의 오류

인사고과는 어디까지나 인간이 하는 것이어서 주관적 판단이 개입되기 쉬우므로 인사고과 과정에서 오류가 발생할 수가 있는데, 오류를 가져오는 심리적 경향은 다음과 같은 경우들이다.

(1) 항상오류(Constant errors)

항상오류는 고과자가 실제로 평정할 경우에 일어나기 쉬운 심리적 오류로 다음과 같은 경향에서 많이 나타난다.

① 관대화경향(leniency tendency)

인사고과를 할 때 실제보다 좋게 평가하는 경향을 말한다. 집단 내에 우수한 사람이 많아서 차등을 두어 평가하기 어렵거나 고과자가 부하들을 아끼는 마음에서 관대하게 평가할 수가 있다. 혹은 실제보다 낮게 평가할 경우 비난이 두려워서 이러한 경향으로 평가할 수도 있는 것이다.

② 중심화경향(centralization tendency)

대부분 중간 또는 보통으로 평가하는 경향을 말한다. 이는 고과자의 성향이 중간적이거나 고과방법을 잘 이해하지 못할 때, 시간이 부족하여 적당히 해버릴 경우 그리고 피고과자를 잘 모를 때에 이러한 경향이 발생한다.

(2) 현혹효과(halo effect)

후광효과라고도 하는데, 이것은 고과 대상자의 특정한 고과요소로부터 받은 호의적 또는 비호의적 인상이 다른 고과요소에까지 영향을 미쳐 동일하게 평가하는 경향을 말한다. 즉, 피고과자의 어느 한 가지 요소의 장점이나 단점에 깊이 인상을 받아 다른 요소도 이와 같이 평가하는 것을 말한다.

이러한 현혹효과의 결함을 제거하기 위해서는 한 고과요소에 대하여 모든 피고과자들을 전부 평가하도록 하여야 하는데, 이유는 모든 사람들을 하나의 특성에만 관심을 집중하여 평가하면 현혹효과를 상당히 줄일 수 있기 때문이다.

(3) 논리적 오류(logical errors)

논리적 오류는 각 고과요소 간에 논리적으로 관계가 있는 경우 상대적으로 높은 고과요소가 있으면 다른 고과요소도 높게 평가하는 것이다. 논리적 오류를 제거할 수 있는 방법은 다음과 같다.

① 고과요소에 대한 정의를 충분히 설명한다. 특히 유사한 고과요소가 있을 경우에는 그 상이점을 명확히 한다.
② 고과요소가 유사한 경우에는 가능한 한 시간을 두고 객관적으로 평가한다.

(4) 대비 오류(contrast errors)

이는 피고과자를 평가함에 있어서 피고과자의 특성을 고과자 자신의 특성과 비교하여 평가할 경우에 생기는 오류이다. 대비오류를 줄이기 위해서는 유사한 고과요소를 가능한 한 간격을 두어 배열하고, 고과요소별로 하나씩 배열하여 이것을 전 고과자가 평가하며 확신할 수 있는 고과요소부터 평가를 한다.

3) 인사고과의 오류를 줄이는 방법

일반적으로 인사고과의 오류를 줄이는 방법은 다음과 같다.

① 고과자의 훈련

인사고과는 인간이 인간을 평가하는 일이므로 사전에 충분한 고과훈련을 받은 후 평가하도록 한다.

② 평가기준의 명확화

인사고과의 목적, 평가방법, 가중치, 척도 등을 명확히 하여 이를 고과자와 피고과자에게 반드시 알려주어야 한다.

③ 고과자의 복수화

2인 이상의 고과자가 고과함으로써 주관이나 자의에 의한 고과상의 오류를 줄이도록 해야 한다. 예를 들어 직속상사와 그 이상의 상위자가 고과하거나 부하들을 고과에 참여시킴으로써 고과를 공동으로 조정할 수 가 있다.

④ 비통제적 목적에 사용

인사고과를 통제적 목적으로만 사용하지 말고 종업원의 근로의욕을 향상시키고 의사소통을 촉진하기 위한 이른바 비통제적 목적에 사용되도록 한다.

표 9-1 인사고과 채점표

<table>
<tr><td colspan="4">인사고과 채점표
작성일 : 20 년 월 일
작성자 (인)</td></tr>
<tr><td>성 명</td><td>직 위</td><td>입사연월일</td><td>생 년 월 일</td></tr>
<tr><td></td><td></td><td></td><td></td></tr>
<tr><td>고과
목적</td><td></td><td>고과
기간</td><td></td></tr>
</table>

항 목	평 가 요 소	평 가
근무태도	외출/지각/조퇴/결근	
	일에 대한 적극성	
	자기개발능력	
	동료와의 협조성	
	책임감/솔선수범	
영업능력	대고객관계	
	매상에 대한 기여도	
	미용실에 대한 기여도	
교육평가	미용이론에 대한 지식	
	미용기술에 대한 능력	
	미용이론/기술에 노력	

3. 근무평가 기법

1) 근무평가의 의의

이상적인 근무평가를 하려면 종업원의 특성이 아닌 종업원의 행동이나 성과를 기초로 해야 하는데, 이 과정은 객관적이고 공평하게, 그리고 정확하게 이루어져야 한다. 이를 위해서는 근무평가기법이 얼마나 효율적으로 설계되는지, 미용기업의 직무, 그리고 종업원 등의 상황에 얼마만큼 잘 부합되는가가 중요하다. 미용기업의 특성상 사람을 중시하고 그 능력을 적극적으로 개발하고 활용함으로써 내부 발전력을 구축해나갈 수 있다.

2) 바람직한 근무평가시스템

그렇다면 근무평가는 어떤 성격이어야 하는 것인가? 결과만을 추구하는 실적주의를 지향할 것인가, 아니면 종업원의 능력 성장의 측면만 강조할 것인가? 우리나라의 실정을 고려할 때 전자보다는 후자가 더 효과적이라고 가정한다면 근무평가는 인재를 육성하고 그 인재가 업무를 부단히 창조해가는 여건을 마련할 수 있는 성격의 것이 되어야 할 것이다.

경력을 탈피한 능력 위주의 평가를 하려면 우선 능력이 무엇인지를 분명하게 해 둘 필요가 있다. 능력의 내용을 명시하지 않은 채 능력을 기준으로 평가하는 것은 있을 수 없는 일이다. 이 경우 능력이란 일반적 능력을 말하는 것이 아니라 미용기업이 필요로 하는 능력을 말한다. 미용기업이 기대하는 능력은 기대능력이고, 종업원의 입장에서 보면 도달해야 할 능력(목표)인 것이다. 따라서 근무평가는 필연적으로 그 능력이 기준이 되는 직무기준과 기술요건이 명확하게 규정되어야 한다.

이 때 직무기준이란 원장이나 경영자가 디자이너에게 기대하고 요구하는 직무의 내용과 수준을 말한다. 그리고 기술요건이란 원장이 각자 디자이너에게 기대하고 요구하는 기술의 내용과 수준을 말한다. 따라서 직무수행 능력을 객관적으로 등급화하는 절차도 근무평가 이전에 계량적으로 해두어야 한다. 즉, 직능 자격등급을 규정하고, 그에 대한 정확한 정의를 해두어야 한다.

그림 9-1 근무평가시스템

4. 임금후생관리

1) 임금관리의 의의

임금(wage, pay)은 "사용자가 노동의 대가로 근로자에게 임금, 봉급. 기타 여하의 명칭으로 지급하는 일체의 금품"(근로기준법)이라고 규정되어 있다. 이러한 임금은 기업 입장에서 보면 제공된 노동에 대하여 지불하는 대가이며, 종업원의 입장에서 보면 생활의 원천이 되는 소득(income)이다.

따라서 기업은 저임금(저비용)을 종업원은 고임금(고소득)을 추구하게 된다. 임금관리는 바로 사용자(미용기업)와 노동자(종업원) 양자의 상충된 욕구를 조절하고 관리하는 절차라고 할 수 있는데, 합리적인 임금관리를 통해 기대되는 효과는 다음과 같다.

① 우수한 미용 인력의 확보가 가능하다.
② 합리적인 임금관리를 통하여 종업원의 근로의욕을 불러일으킬 수 있다.
③ 원장과 종업원의 건전한 관계를 유지할 수 있다. 임금은 종사자에게는 소득이고 원장에게는 비용이므로 이의 합리적인 조정을 통하여 서로의 갈등을 없앨 수 있다.

④ 미용기업의 생산성 증진과 종사자의 생활 향상이 이루어진다. 임금이 합리적으로 조정된다면 생산성 향상은 물론 종업원의 소득 향상이 가능하다.

2) 임금관리의 중요성

임금은 시술의욕을 자극시키는 기능과 경영에 대한 신뢰감을 주는 기능을 가지고 있고, 종업원간에 원활한 관계를 유지하게 하는 기능도 가지고 있으므로 임금수준은 적어도 생계를 보장해 줄 수 있는 수준 이상이 되어야 한다. 임금의 개인 격차는 종업원 입장에서 적정한 균형(임금격차 구조)이 유지되어야 한다. 다시 말하면 기본급 및 성과급 적용 등에 있어 적정한 균형이 유지되어야 하고, 승급이나 상여금 지급에 있어서도 개인 격차에 대한 종업원의 입장에서 적정한 균형이 유지되어야 한다.

표 9-2 미용기업의 임금 구성

<table>
<tr><th colspan="2">임 금 구 성</th><th>내 용</th></tr>
<tr><td colspan="2">기 본 급</td><td>· 직무급: 직무분석과 직무평가에 의해서 직무의 질과 양에 따라 임금을 결정하는 방식으로 디자이너, 주니어, 인턴에게 적용한다. 동일 노동에 동일 임금 지급원칙에 입각하기 때문에 사람중심의 연공급 임금과 그 성질이 다르며 전문 기술인력 확보가 용이하다</td></tr>
<tr><td rowspan="3">제수당</td><td>통상수당</td><td>전체 종업원에게 정기적·일률적으로 지급되는 수당
- 직무수당, 직책수당 등</td></tr>
<tr><td>기타수당</td><td>정기적으로 지급되지만 해당자에게만 지급되는 수당
- 가족수당, 지역수당, 기술수당
- 자격수당, 통근수당, 연월차수당
- 당직수당, 주택수당, 급식수당 등</td></tr>
<tr><td>초과수당</td><td>- 연장 근로수당, 야간 근로수당, 휴일 근로수당 등</td></tr>
<tr><td rowspan="2">상여금</td><td>고정상여</td><td>정기적, 고정적으로 지급하는 성격의 수당</td></tr>
<tr><td>변동상여</td><td>비정기적 변동적 성격의 상여</td></tr>
<tr><td colspan="2">복리후생비</td><td>- 피복비, 귀향 여비, 창립기념일 선물.
- 생일기념일 선물, 결혼기념일 선물, 교통비
- 식비, 학자금 지원비, 출퇴근 버스, 복지시설 활용</td></tr>
</table>

3) 임금관리의 목표

임금관리의 목표는 원장과 직원 간에 상호 이해할 수 있고 사회적으로 인정받을 수 있는 합리적인 임금정책의 수립을 통하여 인력관리의 합리화, 인간관계의 원활화를 기대하는 데 있다.

(1) 노동력관리의 합리화

직원 노동력의 질적인 향상과 효율적인 이용은 인적자원관리에서 가장 중요한 과제다. 이러한 문제의 기초는 임금에 바탕을 두고 있기 때문에 합리적인 인력관리를 위한 임금정책은 적정생계비를 보장하고, 확보된 노동력을 견실하게 보전하고, 부가가치의 생산이 가능할 수 있도록 수립되어야 한다.

(2) 인간관계의 원활화

임금관리는 직원과 원장 간에 상호 대등한 원칙에 따라 적정수준의 임금과 이익배분 행위가 동시에 이루어져야 한다. 즉, 인간관계에서 흔히 발생하는 임금문제인 임금 불균형 상태는 임금관리의 합리화정책으로 일차적인 조정과 통제역할을 수행하여 인간관계의 원활화를 도모해야 한다. 직원이나 원장 어느 쪽에 편중된 임금관리의 불균형상태는 인간관계의 원활화를 저해하는 요인으로 작용 할 수 있다. 따라서 상호 균등한 임금정책을 수립함으로써 양자 간의 조정역할을 담당할 수 있도록 목표를 설정해야 한다.

4) 임금의 유형

(1) 연공급

연공급은 기업에 있어서의 각 개인의 근속 연수에 따라 임금의 차이를 두는 제도를 말한다. 즉 근속연수가 많은 근로자에게는 근속연수가 적은 근로자보다 더 많은 임금을 결정하여 지급하는 제도다. 그런데 연공급에서의 근속연수에는 학력수준과 경력연수가 포함된다. 예를 들면, 대졸입사자의 경우 고졸 입사자 보다 4년 더 근속한 것으로 인정해주거나 규모가 비슷한 타기업에서의 경력도 근속연수로 인정해 주는 것이다. 따라서 연공급에서는 근로자의 근속연수가 많아짐에 따라 임금 수준이 높아진다.

연공급 임금체계는 일본에서 생성되었으며, 우리나라 대부분의 기업에도 드입되어 시행해 왔다. 그러나 최근에는 우리나라 기업에서도 연공급 대신에 능력 내지 업적을 기준으로 하는 임금제도(연봉제)가 점차적으로 확대・실시되고 있는 경향이 있다.

장 점	① 생활보장으로 기업에 대한 구속 의식이 커진다. ② 연공 존중의 동양풍토에서 질서가 확립될 수 있다. ③ 사기가 유지되며 실시가 용이하다
단 점	① 동일노동에 대한 동일임금의 적용이 곤란하다. ② 능력있고 패기있는 인재의 유입이 제한된다. ③ 인건비 부담의 가중과 업무수행에 소극적일 수 있다.

(2) 직무급

직무급은 직무의 상대적 가치를 평가하고, 그 가치에 따라 임금을 결정하는 임금체계를 말한다. 그런데 이 직무급은 근로자가 담당하는 직무를 객관적·과학적으로 분석·평가하여 결정하므로 동일한 직무를 담당하는 근로자에게는 동일한 임금이 지불된다.

장 점	① 직무를 기초로 하여 임금이 결정되므로 '동일노동 동일임금의 원칙'이 성립되어 직무에 상응하는 임금지급이 가능하다. ② 직무를 기준으로 한 임금이기 때문에 근로자가 납득하기 용이하여 임금을 둘러싼 불평과 불만을 없앨 수 있다.
단 점	① 직무분석과 평가를 실시함에 있어서 많은 시간과 비용이 소요된다. ② 직무가 동일하다면 능력에 차이가 있더라도 임금이 동일하게 지급되는 것을 근로자가 납득하기 어렵다

(3) 직능급

직능급은 직능(직무수행능력)을 기준으로 하여 근로자의 임금을 결정하는 임금체계다. 직무급이 근로자가 담당하는 직무의 상대적 가치에 따라 임금을 결정하는데 비해, 직능급은 근로자의 능력을 평가하고 그 결과에 따라 임금을 결정하므로 이들 간에는 뚜렷한 차이가 있다.

장 점	① 본인이 직능개발에 대한 노력으로 직능수준이 높아지면 그 만큼 임금이 상승하므로 근로자의 동기를 유발시킬 수 있다. ② 연공 중시에서 능력 중시에 이르기까지 기업의 실정에 따라 탄력적으로 임금체계를 도입하여 실시 할 수 있다. ③ 어떤 직무에 종사하든지 최저생활보장이 가능하다.
단 점	① 직능파악과 평가방법이 어렵다. ② 운용을 잘못하면 연공급의 장점과 직무급의 합리성 모두를 상실하여 이것도 저것도 아닌 임금체계가 될 우려가 있다.

(4) 자격급

자격급은 근로자의 자격취득 기준을 정해 놓고 그 자격의 취득에 따라 임금 지급의 차이를 두는 제도다. 정적인 연공중심으로부터 인적질서를 벗어나지 않는 범위에서 동적인 능률 중심으로 그 체제를 확립하는 일로써 이를 위한 합리적인 제도가 바로 자격급이다. 자격급은 직능급을 보다 확대시켜 제도화한 형태로서 직무급과 연공급을 절충한 것인데, 종래의 자격급은 신분적 색채가 강한 연공서열적인 것이었으나 최근에는 직무수행 능력에 중점을 두는 직능적인 것이 중심이 되고 있다.

장 점	자격취득기준을 마련하고 그 자격취득자에게 그 자격에 해당하는 임금을 지급함으로써 근로자에게 심리적 안정감을 갖게 하고 근로의욕을 제고 할 수 있다
단 점	앞으로는 자격급이 급격한 시대의 변화에 따라 연공서열적 자격급에서 능력중심적 자격급이 되어야 한다

5) 미용기업의 복리후생제도

(1) 복리후생의 의의

복리후생은 조직이 구성원과 그 의 가족의 생활수준을 향상시키기 위하여 제공하는 임금 이외의 급여를 총칭하는 것으로 간접보상에 속한다. 복리후생은 조직이 자체의 부담과 책임 아래 마련되는 급여로서 구성원의 노동력 재생산 즉, 노동력 확보 · 유지 · 배양을 원활히 하기 위한 것일 뿐만 아니라 경영공동체의 형성의 기반으로서 필요하다.

(2) 복리후생의 종류

미용기업에서 실시하는 복리후생제도는 크게 법정복리후생과 법정외복리후생으로 나누어 볼 수 있다. 법정복리후생은 법률에서 의무화한 사회보험의 미용실 부담분이며 사회보장제도의 발달에 따라 좌우된다. 법정외복리후생은 미용실이 스스로 직원에 대해서 실시하는 경제적 급여이며 경제사회정책에 의해 좌우된다.

① 법정복리후생 : 의료보험, 연금보험, 산재보험, 고용보험 등

② 법정외복리후생 : 기숙사, 급식, 위생, 휴양, 휴일, 휴가, 운동, 오락, 통근, 보육 등

표 9-3 임금과 복리후생의 비교

구 분	임 금	복 리 후 생
조 건	조건 없음	직원 자신이 필요로 하는 조건이 발생해야 혜택을 받을 수 있음
지급방법	현금지급	다양한 방법(서비스, 시설, 현금. 현물)
사 용 처	자유의사	제한적 용도
기 능	생활수준상승기능	생활수준 안정 기능
기 간	정기소득	기대소득 · 부정기 소득
대 상	개개인	개개인 또는 집단

(3) 복지후생제도의 구체적 내용

가. 휴일 및 휴가제도

① 휴일 규정

- 휴일은 매주 (일)요일을 정기휴일로 정하고 월 1회 월차휴가
- 월차휴가는 매달 1회를 원칙으로 하되 근무시에는 특근 수당 지급
- 휴무일과 연계한 휴가 사용은 원칙적으로 금지
- 월 결근 1회, 조퇴/지각 3회 이상일 경우 월차휴일 상실

② 휴가규정

- 연간 정기휴가 일수는 ( )일로 정한다.
- 정기휴가 : 신정휴가, 구정휴가, 여름휴가, 추석휴가 등
- 다음 각 호에 해당되는 경우에는 경조휴가를 실시

  가. 본인의 결혼, 자녀의 결혼, 본인 및 배우자의 형제자매의 결혼

  나. 본인 및 배우자의 직계존속의 회갑 및 칠순

  다. 배우자의 사망, 본인 및 배우자의 직계존속의 사망, 본인 및 배우자의 형제자매 · 조부모의 사망, 자녀의 사망

③ 휴가원의 제출

직원이 휴가를 얻고자 할 경우에는 휴가원을 제출하고, 사전에 승인을 얻어야 한다.

나. 중식비의 지급

미용실은 직원들에게 중식제공을 원칙으로 하되, 중식 보조비 지급을 원하는 직원에게는 (○,○○○)원을 근무 일수에 따라 지급한다.

다. 직원의 경조비 지급

① 축의금 : 본인의 결혼, 형제자매의 결혼, 부모회갑 또는 칠순, 출산

② 조의금 : 본인/배우자의 사망, 본인 및 배우자의 형제·자매의 사망, 자녀의 사망

표 9-4 미용기업의 임금/복리후생 규정(예시)

임금 및 복리후생 규정

제1장 총칙

제1조 (목적)

이 규정은 '○○○' 직원의 급여와 복리후생의 규정을 정함으로 목적으로 한다.

제2장 임금 지급

제2조 (임금의 구분)

임금이라 함은 기본급, 상여금 및 성과급을 말한다.

제3조 (임금 지급일)

임금은 월 1회에 지급하며 그 지급일은 '○○○'의 임금 지급 방침에 따른다.

제3장 임금 계산

제4조 (임금 계산)

임금은 기본급+성과급으로 하며 지급 계산일은 월말로 한다.

제5조 (신규 채용)

신규 채용자의 임금은 채용일로부터 근무한 날을 말일 계산한다.

제6조 (기본급)

기본급은 디자이너, 인턴, 주니어를 구분하여 '○○○'의 정해진 임금지급방침에 따른다.

제7조 (성과급)

디자이너의 경우 월 700만원 이상일 경우 개인 매출의 20%를 성과급으로 지급한다.

제4장 복리후생

제8조 (식대 지급)

'○○○'은 종업원들에게 식대를 제공함을 원칙으로 하되, 식대는 중식의 경우에만 해당된다.

제9조 (경조비 지급)

'○○○'의 복무규정에 정한 바에 따른다.

[참 고 문 헌]

1. 권인호 · 김복만 · 이영민, 경영조직론, 학문사, 초판, 1999
2. 김경덕 · 황재선, 서비스 경영문화, 학문사, 초판, 2000
3. 김광웅, 사회과학연구방법론, 박영사, 중판, 1982
4. 김선옥 · 김세욱 · 권대순 · 황정원, 디지털시대의 미용경영학, 수문사, 2001
5. 김윤섭, 지식사회의 정신적 인프라, 학문사, 초판, 2001
6. 김재명, 경영학원론, 법경사, 제2판, 1999
7. 김태수 · 조동훈, 기업경영의 이해, 학문사, 2000
8. 나윤기, 인적자원관리, 학문사, 초판, 1996
9. 남상진 역, 경영의 교과서, 청림출판, 초판, 2003
10. 문선모, 학생상담 이론과 실제, 양서원, 초판, 2000
11. 박명호 · 박종무 · 윤만희, 마케팅, 경문사, 초판, 2000
12. 박정숙역, 비즈니스 마인드, 에코리브르, 초판, 2002
13. 박정식, 현대재무관리, 다산출판사, 1993
14. 박춘엽 · 박영배, 중소기업경영론, 학문사, 1998
15. 서인덕 · 김윤상, 경영학원론, 문영사, 초판, 1997
16. 송석명 · 김진규, 신지식회계원리, 경영과 회계, 개정판, 2003
17. 송석명 · 윤관호, 성공창업실무, 경영과 회계, 개정판, 2003
18. 신지용, 현대마케팅, 삼영사, 3판, 2002
19. 신지현, 미용학개론, 수문사, 1992
20. 어윤대 · 방호열, 전략경영, 학현사, 초판, 1996
21. 오세조 · 박충환, 마케팅, 박영사, 초판, 1999
22. 오준석 · 설원식, 전략경영시대의 경영학, 웅지경영아카데미, 제3판, 2002
23. 윤수용, 미용경영학개론, 훈민사, 초판, 2001
24. 이건희, 현대경영학의 이해, 학문사, 재판, 1997
25. 이상환 · 이재철, 서비스마케팅, 삼영사, 1999
26. 이한검, 경영학의 에센스, 형설출판사, 전정판, 1996
27. 장수용, 신경영실천연수전략, 전략기업컨설팅, 2000
28. 정수영, 경영학대사전, 박영사, 전정판, 2000
29. 정승화, 벤처창업론, 박영사, 초판, 1999
30. 정훈, 미용과 경영, 예림, 개정판, 2002
31. 중소기업청, 2003창업지원가이드, 2003

32. 중소기업청 소상공인지원중앙센터, 상권분석 및 입지선정, 1999
33. 중소기업청 소상공인지원중앙센터, 소상공인의 광고전략, 1999
34. 중소기업청 소상공인지원중앙센터, 창업 · 경영 성공전략, 1999
35. 조신영, 성공하는 한국인의 7가지 습관, 한스미디어, 초판, 2004
36. 한양심 역, 아침형 인간 2, 한스미디어, 초판, 2004
37. 홍석보 · 송병선 · 김창원 · 이내풍, 전략적 경영혁신기법, 학문사, 1999
38. 홍승도, 벤처기업론, 학문사, 2000
39. 황하진, 경영정보시스템, 학문사, 재판, 2001
40. R.L. Daft, management, Dryden, 3rd ed., 1994
41. R. Kreitner, Management, Houghton-Mifflin, 1980
42. www.ncs.go.kr

찾아보기

INDEX

저자소개

송석명(대구보건대학교)
김미강(안동과학대학교)
박수연(건국대학교)
유유정(성결대학교)
이부형(창원문성대학교)
정년구(선린대학교)
조성태(광주보건대학교)
천지연(서정대학교)
강명주(명지전문대학교)
김　민(신안산대학교)
송희라(대원대학교)
유은주(경남정보대학교)
전선정(강릉영동대학교)
정　연(경북도립대학교)
진희정(서울종합예술실용학교)
최은영(한서대학교)

저자와의 협의에 의해
인지를 생략합니다.

알기쉬운 **미용경영학**

2004년 8월 30일 초판발행
2010년 8월 30일 초판2쇄발행
2012년 8월 10일 초판3쇄발행
2016년 8월 10일 초판4쇄발행
2017년 9월 10일 개정판 발행
2019년 9월 10일 개정판2쇄발행

지은이 송석명 · 강명주 · 김미강 · 김　민 · 박수연 · 송희라 · 유유정 · 유은주
이부형 · 전선정 · 정년구 · 정　연 · 조성태 · 진희정 · 천지연 · 최은영
펴낸이 이상태
펴낸곳 청구문화사
주　소 (03706) 서울특별시 서대문구 성산로11길 15
전　화 02) 332-0541(代)　　**팩　스** 02) 337-9577
등　록 1990년 11월 2일 제9-247호

정가 12,000원

ISBN 978-89-5616-756-5 93590